P. Sunojkumar
K. V. Rinshy

Estudos taxonómicos sobre o género Salvia L (Lamiaceae) na Índia

P. Sunojkumar
K. V. Rinshy

Estudos taxonómicos sobre o género Salvia L (Lamiaceae) na Índia

ScienciaScripts

Cover image: www.ingimage.com

This book is a translation from the original published under ISBN 978-613-3-99666-3.

Publisher:
Sciencia Scripts
is a trademark of
Dodo Books Indian Ocean Ltd. and OmniScriptum S.R.L publishing group

120 High Road, East Finchley, London, N2 9ED, United Kingdom
Str. Armeneasca 28/1, office 1, Chisinau MD-2012, Republic of Moldova, Europe
Printed at: see last page
ISBN: 978-620-8-08222-2

Conteúdo

INTRODUÇÃO

Atualmente, o homem conhece pouco mais de um terço de um milhão de espécies de plantas, tendo a informação sido acumulada através de esforços de vários milénios. Embora o homem tenha classificado as plantas desde o advento da civilização, a taxonomia só foi reconhecida como um assunto formal em 1813 por de Candolle. De acordo com Davis e Heywood (1963), a taxonomia é definida como a "ciência que se ocupa do estudo da classificação, incluindo as suas bases, princípios, regras e procedimentos".

Os taxonomistas começam a dar nome a uma espécie classificando os espécimes em conjuntos separados que consideram representar espécies. Uma vez selecionados os espécimes, a tarefa seguinte é verificar se já têm ou não nomes. Isto pode envolver a consulta de guias de identificação, a leitura de descrições escritas talvez há 200 anos e o empréstimo de espécimes nomeados de museus ou herbários para comparação com a amostra. Esta comparação pode envolver caracteres externos; principalmente caracteres morfológicos que necessitam de dissecar estruturas internas, ou mesmo análise molecular do ADN. Destes, os caracteres externos e morfológicos, bem como a análise molecular do ADN da amostra, alteraram a posição atual de vários taxa ao longo dos últimos séculos.

Família Lamiaceae

A família das dicotiledóneas Lamiaceae é um grupo natural muito grande de plantas aromáticas e medicinais (Morton, 1962). Estudos recentes sobre a morfologia, a química e a filogenia molecular provocaram grandes alterações na classificação da família, resultando na adição de um grande número de géneros, que tinham sido tradicionalmente colocados em Verbenaceae (Harley *et al.* 2004). A família foi incluída na ordem Lamiales por Bentham (1876) juntamente com Verbenaceae. O tratamento desta foi depois continuado por Cronquist (1981) Thorne (1981) e Thakthajan (1986). Uma classificação genérica e subgenérica da família foi iniciada por Bentham. Como resultado, ele reconheceu onze tribos que mais tarde foram reduzidas a oito. A família contém atualmente cerca de 240 géneros e

7200 espécies, ocorrendo em áreas tropicais a temperadas em todo o mundo, exceto na Antártica (Harley *et al.* 2004). Destas, existem atualmente 32 gêneros e cerca de 496 espécies (Harley *et al.*, 2010) nativas ou naturalizadas no Brasil, embora com muitas novas descobertas este número esteja em constante mudança. Em sua revisão de Labiatae do Império Indiano, Mukerjee (1940) contabilizou 425 espécies. Na região indiana dos Himalaias (Caxemira a

Arunachal Pradesh através do Nepal, Sikkim e Butão), 272 espécies indígenas estão distribuídas em 72 géneros (Sampathkumar, 2014)

Existem sete subfamílias atualmente reconhecidas, das quais cinco ocorrem na América do Sul. Estas são Symphorematoideae Briq., Viticoideae Briq., Ajugoideae Kostel., Prostantheroideae Luerss., Scutellarioideae (Dumort.) Caruel, Lamioideae Harley, Nepetoideae (Dumort.) Luerss.

A subfamília Nepetoideae contém cerca de 50% das Lamiaceae e inclui atualmente 3 tribos: Elsholzieae, Mentheae e Ocimeae. A tribo Mentheae inclui quatro subtribos e o género Salvia está incluído na subtribo Salviinae.

Linnaeus (1751) adoptou o nome verticillatae, que tinha sido usado anteriormente por Ray (1682) para um grupo de géneros agora contidos em Lamiaceae, e este foi aceite por Ruling (1774), Scopoli (1777), Batsch (1802) e outros. Tournefort (1694) utilizou o nome "Labiati" para uma subdivisão semelhante, de Jussieu (1759) alterou o nome para Labiatae e Lindley (1830) foi o primeiro a propor o nome 'Lamiaceae' e, mais tarde, em 1935, o Código Internacional de Nomenclatura Botânica aprovou que pode ser utilizado como alternativa a Labiatae. O nome "Labiatae", cunhado por de Jussieu (1789), tem origem no substantivo latino labium (lábio), referindo-se à corola em forma de lábio das suas flores zigomórficas, uma caraterística marcante da família.

Adanson (1763) foi o primeiro a registar a uniformidade do grupo, uma caraterística frequentemente comentada mais tarde, nomeadamente por de Jussieu (1789), St.-Hilaire (1805) e Bentham (1832-36). Consequentemente, ao longo da sua história, a família foi submetida a vários métodos de classificação baseados em diferentes critérios. Adanson (1763) considerou os caracteres do cálice, dos estames, dos estigmas e do pistilo muito pouco diferentes, e os da corola tão variados mesmo em espécies do mesmo género, que agrupou os seus géneros em função da disposição das flores, sendo os critérios a presença ou ausência de brácteas, se estas eram semelhantes ao caule, às folhas ou não, e se as flores eram distintas ou várias juntas em pedúnculos comuns. No entanto, na sua apresentação dos géneros em forma de tabela, distinguiu cálices com dois lábios e cinco partes e estames estéreis.

Scopoli (1777) baseou a sua divisão primária no facto de os quatro estames serem férteis ou apenas dois, sendo a subdivisão feita em função da presença de um cálice labiado ou não-labiado. Jussieu (1789) utilizou os mesmos critérios, mas com caraterísticas adicionais da corola, de modo que *Ajuga* e *Teucrium* foram segregados dos restantes pelo facto de a corola parecer "unilabiada".

Bentham, na sua revisão da família (1832-36), e na sua revisão para o Prodromus de Candolle (1848) e Walpers (1844-45), teve dificuldade em organizar as espécies em géneros e tribos. A discussão exaustiva de Bentham sobre as partes vegetativas e reprodutivas das plantas revela as dificuldades encontradas na ordenação de muitos géneros e espécies. "A ordem das Labiatae é uma das mais naturais e distintas de todas. As folhas opostas, a corola monopétala, os 2 ou 4 estames e o ovário livre de 4 lóbulos são caracteres tão facilmente observáveis e acompanham tão constantemente o hábito geral de toda a série, que, desde o tempo de Linnaeus até aos nossos dias, apenas dois ou três géneros foram indevidamente associados ou separados dela" (Bentham, 1835). Os géneros têm afinidades muito estreitas entre si, e são dificilmente delimitados, e as numerosas espécies entre si são extremamente semelhantes ou extremamente variáveis, sendo muitas vezes com grande dúvida que são unidos ou separados. Bentham atribuiu um peso considerável às caraterísticas dos estames associadas às do cálice e da corola para o diagnóstico das tribos. A sua disposição foi seguida por Endlicher (1838) e é bem demonstrada por Meisner (1840) que apresentou os dados sob a forma de uma chave dicotómica indentada.

Com Bentham & Hooker (1876), houve uma mudança de ênfase, e os caracteres do gineceu foram usados para determinar as principais subdivisões da família. Lindley (1836) já havia comentado: "O ovário de 4 lóbulos, com um estilo solitário que surge da base dos lóbulos, não tem paralelo entre as ordens monopétalas, exceto as Nolanaceae, que têm uma corola entrançada, e as Boraginaceae, às quais as Labiatae devem ser consideradas como as mais próximas." Em Bentham & Hooker (1876), Briquet (1895-97) e Melchior (1964), a profundidade da separação e a fixação dos nutlets diferenciaram os grupos de subfamílias, e as Ajugoideae e Prostantheroideae ficaram segregadas das demais. Nestas, Briquet considerou que o estilo não era ginobásico, e Melchior que era terminal ou afundado. Bentham (1832-36), Lawrence (1955) e Hutchinson (1973) consideraram o estilo ginobásico. Cronquist (1968), na sua chave para as Lamiales, utilizou como uma das caraterísticas distintivas das Lamiaceae "estilo maioritariamente ginobásico" em oposição ao "estilo terminal" para as Verbenaceae (*s. lat.*).

O contexto histórico das Lamiaceae é de grande importância no que respeita à sua filogenia.

A filogenia da família é pormenorizada, tal como os centros de origem. A maioria destas plantas são ervas anuais e perenes, cosmopolitas, que crescem numa grande variedade de solos e climas e constituem um tipo de vegetação arbustiva (Simpson & Conner - Ogorzaly, 1986). Embora os membros tenham uma distribuição global (Epling, 1940b; Harley & Reynolds, 1992), o principal centro de concentração situa-se na bacia mediterrânica e na Ásia Menor, tanto no que diz respeito ao número de géneros como de espécies.

A Lamiaceae tem uma importância económica considerável, contendo várias árvores de madeira, como a *Tectona*, muitas espécies de valor hortícola, muitas utilizadas como ervas culinárias ou em perfumaria e muitas são utilizadas medicinalmente.

O Género *Salvia* L.

A sálvia é o maior género da família Lamiceae, com um número de espécies estimado entre 700 e quase 1000. Os membros incluem arbustos, herbáceas, perenes e anuais. Existem três regiões principais de radiação da *sálvia*: América Central e do Sul, com aproximadamente 500 espécies; Ásia Central e Mediterrâneo, com aproximadamente 250 espécies; Ásia Oriental, com aproximadamente 90 espécies (Walker *et al.,* 2004).

A sálvia foi descrita pela primeira vez por Linnaeus (1753) como um género distinto de Lamiaceae. Linnaeus enumerou 27 espécies de *sálvia* na sua obra *species plantarum* Volume 1. A espécie-tipo do género é a *Salvia officinalis* L.

A designação de espécies distintas de *sálvia* tem sido objeto de revisão regular, com muitas espécies a serem renomeadas, fundidas e reclassificadas ao longo do ano. *A Salvia officinalis*, por exemplo, é cultivada há milhares de anos, mas foi baptizada e descrita com seis nomes científicos diferentes desde 1940. Em tempos, existiam mais de 2000 espécies e subespécies designadas. Com o tempo, o número foi reduzido para menos de mil.

Mais tarde, George Bentham foi o primeiro a apresentar uma descrição monográfica completa do género, em 1832-1836, e baseou as suas classificações na morfologia estaminal entre os membros *de Salvia.* O trabalho de Bentham sobre a classificação da família Labiatae (*Labiatarum Genera et species*, 1836) continua a ser a única organização abrangente e global da família. Embora fosse claro quanto à integridade de toda a família, estava menos confiante quanto à organização da *Salvia,* o maior género das Lamiaceae. Com base na sua própria filosofia de classificação, escreveu que "deveria ter formado cinco ou seis géneros" de *Salvia.* No final, sentiu que a vantagem de colocar um grupo relativamente uniforme num só género era "mais do que contrabalançada pela necessidade de mudar mais de duzentos nomes". Naquela altura havia apenas 291 espécies de sálvia conhecidas.

O sistema de Bentham continua a ser a classificação de *sálvia* mais estudada, apesar de terem sido descobertas mais de 500 novas espécies desde o seu trabalho. Desde então, outros botânicos ofereceram versões modificadas dos sistemas de classificação de Bentham, enquanto que os botânicos dos últimos cem anos geralmente não aprovam o sistema de Bentham.

Bentham (1836) acabou por organizar *a Salvia* em doze secções (originalmente catorze), com base nas diferenças na corola, cálice e estames. Estas foram colocadas em quatro subgéneros que, por sua vez, representam a sua distribuição no Velho Mundo e no Novo Mundo. Estes são:

- Subgénero *Salvia* : Velho Mundo

Secções : Hymenosphace, Eusphace, Drymosphace

- Subgénero *Sclarea* : Velho Mundo

Secções : Horminum, Aethiposis, Plethiosphace

- Subgénero *Calosphace*: Novo Mundo.

Secções : Calosfáceas

- Subgénero *Leonia* : Velho e Novo Mundo.

Secções : Equinossauros, Picnossauros, Heterossauros,

Notiosphace, Hemisphace.

Um estudo moderno e abrangente das espécies de *Salvia* foi feito por Gabriel Alziar, no seu catálogo "*Synonymique des Salvia du Monde*" (1989) (catálogo mundial de sinónimos *de Salvia*). Ele descobriu que o número de espécies e subespécies distintas podia ser reduzido a menos de 700.

A caraterística que define o género *Salvia* é o mecanismo de polinização invulgar, que consiste em dois estames (em vez dos quatro típicos encontrados noutros membros da tribo Mentheae) e a forma como os dois estames estão ligados para formar uma alavanca.

Durante muito tempo assumiu-se que *a* polinização invulgar da *Salvia* e a sua estrutura estaminal tinham evoluído apenas uma vez e que, portanto, *a Salvia* era monofilética, o que significa que todos os membros do género provinham de um único antepassado. No entanto, a imensa diversidade na estrutura estaminal, no hábito vegetativo e na morfologia floral das espécies, dentro da *Salvia,* abriu o debate sobre as suas classificações infragenéricas. Walker e Systma (2007) esclareceram esta evolução paralela num trabalho posterior, combinando dados moleculares e morfológicos para provar a existência de três linhagens independentes do mecanismo de alavanca *da Salvia*, cada uma correspondendo a um clado dentro do género. Walker e Systma (2007) também abordaram a questão de saber se a *Salvia* é verdadeiramente polifilética ou apenas parafilética dentro da tribo Mentheae. A informação que obtiveram foi que *a Salvia* é parafilética.

Boissier (1879) reconheceu 107 espécies de *Salvia* na sua *Flora orientalis*, 75 das quais foram registadas na Turquia. A primeira revisão da *Salvia* na Turquia foi efectuada por Hedge (1982 a), que reconheceu 86 espécies, um híbrido e uma espécie duvidosa. A Turquia é o maior centro do género *Salvia* com um número de espécies endémicas incluindo 45 géneros e 574 espécies, 256 das quais são endémicas (Davis *et al.,* 1988; Vural & Adiguzel, 1996; Guner *et al.,* 2000), 16 espécies encontram-se no Paquistão (Nasir & Ali, 1990). Outros grandes centros deste género encontram-se na América e no Sudoeste Asiático (Hedge, 1960; 1992).

Entre 1982 e 2005, foram publicadas mais quatro espécies da Turquia (Huber-Morath. 1982; Vural & Adiguzel 1996, Donmez 2001; Hamzaoglu *et al.* 2005).

A revisão de Epling (1939) da *Salvia* subg. *Calosphace*, incluindo a maioria das espécies de *Salvia* do Novo Mundo, representa a tentativa mais abrangente de classificação infragenérica da *Salvia* do Novo Mundo. No seu trabalho, Epling dividiu *Calosphace* em 91 secções reconhecíveis com base na morfologia e na geografia.

O trabalho de Epling foi criticado por Standley e Williams (1973) devido às chaves não dicotómicas e à "divisão excessiva do género em secções frequentemente sem sentido", com espécies estreitamente relacionadas a aparecerem por vezes em secções separadas. Ramamoorthy (1984 b), no entanto, sugeriu que as secções de Epling deveriam ser mantidas enquanto se aguarda um melhor tratamento do subgénero. Houve alguns estudos monográficos recentes das secções de Epling, incluindo revisões da Sect. Sigmoideae Epling (Serna & Ramamoorthy, 1993), e Sect. Rudes (Benth.) Epling (Santos, 1996).

Uma revisão da *Salvia* em África foi levada a cabo por Hedge (1974). Ele reconheceu 62 espécies.

Liogier (1994) incluiu 38 espécies no seu tratamento da *Salvia* hispaniolana para *La flora de la Espanola*. Reconheceu 10 espécies, incluindo as 7 reconhecidas por Epling.

De acordo com Thunberg (1784), dez espécies, oito variedades e um híbrido putativo estão presentes no Japão. A maioria dos taxa são endémicos do Japão, exceto nos casos de *S. japonica* e *S. plebeia* R.Br (Murata & Yamazaki, 1993).

Na Índia, foram registadas 29 espécies. Hooker (1885) relatou 12 espécies em 4 secções de *Salvia* na sua *'Flora of British India'* e Gamble (1919) descreveu 2 espécies de *Salvia* na sua *'Flora of the Presidency of Madras'*. Um trabalho de revisão completo sobre Labiatae no Império Indiano foi efectuado por Mukherjee (1940). Ele descreveu 24 espécies de *Salvia* e este é considerado o único trabalho de revisão completo realizado depois de Bentham (1834) e Hooker (1885) sobre este género na Índia.

Muito recentemente, Sunojkumar e Pradeep (2015) relataram a ocorrência de Salvia misella, uma erva daninha norte-americana em Western Ghats, na Índia.

OBJECTIVOS

Os objectivos do estudo são os seguintes:

- Recolha de espécimes disponíveis na área de estudo.
- Identificar a distribuição dos taxa de *Salvia* na Índia.
- Estudo microscópico dos caracteres morfológicos.
- Elaboração de uma descrição pormenorizada, ilustração e fotografias a cores.
- Nomenclatura correta de acordo com o ICBN.
- Preparar descrições dos taxa de *Salvia* a partir de espécimes frescos e de protólogos disponíveis.
- Localizar os espécimes-tipo e a tipificação.
- Preparação da chave taxonómica de todos os taxa.
- Identificação de *Salvia* endémica na área de estudo.

REVISÃO DA LITERATURA

ANATOMIA

Krstic *et al.*(2006), relataram que investigações microscópicas do indumento da folha e do cálice revelaram que *S. verticillata* tem os mesmos tipos de tricomas peltados e capitados que outras espécies de *Salvia*. No entanto, em combinação, as caraterísticas dos tricomas de *S. verticillata* diferem das espécies *de sálvia* anteriormente examinadas e podem, por conseguinte, ajudar na identificação das espécies. A densidade de tricomas glandulares diferiu entre as três populações e foi mais baixa num habitat de estepe seca, mas a densidade de tricomas também variou substancialmente entre folhas individuais dentro de cada população.

Utilizando MEV, Kahraman *et al.* (2010) investigaram as caraterísticas anatómicas da raiz, do caule, da folha e do pecíolo, bem como as caraterísticas micromorfológicas do pólen e do nutlet de *Salvia macrochlamys* Boiss & Kotschy. Verificou-se que caracteres anatómicos como o número de linhas de raios na raiz, a distância entre feixes vasculares no caule, a estrutura do mesofilo na folha e a estrutura dos feixes vasculares no pecíolo têm valor taxonómico.

Um estudo anatómico realizado por Khaniki & Moghassemi (2011) com diferentes espécies de *Salvia macrosiphon* mostra que as espécies são, na sua maioria, semelhantes às outras anteriormente estudadas em termos anatómicos. Havia muitos tricomas na camada epidérmica do caule. Existem também bainhas de feixe anantomicamente diferentes nos pedículos, três no meio e duas na área circundante. Os tecidos do colênquima foram observados nos cantos do caule. As células do parênquima têm cloroplastos e há também muitos tricomas na superfície das folhas que parecem ser muitos deles secretos. A utilização do extrato de diferentes espécies de *Salvia macrosiphon* em produtos medicinais e alimentares e a sua atividade biológica dependem totalmente dos compostos químicos do extrato.

A morfologia do mericarpo de 15 taxa de *Salvia* L. secção Hymenosphace Benth. na Turquia foi investigada por Kahraman *et al.* (2011) com microscopia de luz (LM) e microscopia eletrónica de varrimento (SEM) para avaliar a utilidade dos caracteres do mericarpo em estudos sistemáticos. Os mericarpos variaram de 2,50 a 5,38 mm de comprimento e 2,04 a 4,70 mm de largura. A forma do mericarpo era prolato-esferoide ou quase esférica, com uma relação comprimento/largura de 1,02-1,48. As secções transversais dos mericarpos eram arredondadas ou arredondadas-trigonais. As superfícies dos mericarpos apresentavam padrões de escultura coliculares, reticulados, verrucados ou foveados, na sua maioria resultantes da escultura das paredes celulares do exocarpo, sendo o padrão determinado pelo facto de as paredes periclinais serem côncavas ou convexas e de as paredes anticlinais serem elevadas ou afundadas. A escultura de superfície coliculada (paredes periclinais convexas) foi a mais comum entre os taxa examinados. A variação na natureza da escultura da superfície, a forma e o tamanho do mericarpo, a forma das células do exocarpo, a natureza das secções transversais e o diâmetro da cicatriz de abcisão revelaram-se caracteres de diagnóstico úteis.

Bercu *et al.* (2012), examinaram a anatomia foliar de dois taxa de *Salvia*, *Salvia nemorosa* L. subsp. *tesquicola* (Klokov et Pobed.) Soó e *Salvia nutans* L., bem como o seu híbrido, *Salvia ×dobrogensis* Negrean, em comparação com os seus taxa parentais. Foram encontradas diferenças tanto na estrutura do pecíolo como da lâmina. No pecíolo, as diferenças dizem respeito ao grau de desenvolvimento do córtex externo (colênquima e clorênquima) e interno. O sistema vascular em todos os taxa considerados, compreende um grande número de feixes vasculares, com diferentes níveis de desenvolvimento dos tecidos condutores. O mesofilo é heterogéneo, bifacial em *S. nemorosa* sub sp. *tesquicola* e no híbrido, e equifacial em *S. nutans*. A presença e a anatomia de numerosos tricomas glandulares e não glandulares (pêlos), diferentes em estrutura, forma e tamanho, foram investigadas e avaliadas. Os estomas estão presentes tanto na epiderme superior como na inferior da lâmina, sendo do tipo diacítico, imprimindo também um carácter anfistomático. O sistema vascular da nervura mediana dos táxons de *Salvia* estudados é bem desenvolvido, em particular os das espécies híbridas. A análise da anatomia do pecíolo e da lâmina de dois táxones de *Salvia* e do seu híbrido revela caraterísticas comuns e específicas, a partir das quais se concluiu que, embora a folha do híbrido seja mais desenvolvida anatomicamente do que a dos seus táxones parentais, o pecíolo tem muitas caraterísticas semelhantes às da *Salvia nutans* e a lâmina é quase semelhante à da espécie *Salvia nemorosa*.

Através de um estudo SEM de caraterísticas micromorfológicas de 10 *Salvia* L., nutlets (mericarpo) que crescem no NE do Irão, Mousavi1 & Najafi (2013) dividiram o género em três e quatro grupos com base na forma e ornamentação dos nutlets, respetivamente. A variação na cor, tamanho e ornamentação do mericarpo ajudou a identificar as espécies. Os resultados mostraram que *S. chorassanica* e *S. leriifolia* tinham o tamanho máximo e mínimo dos nutlets, respetivamente. Foram estudadas a forma, a cor e a ornamentação do mericarpo, bem como a forma da cicatriz de abcisão. Além disso, foram calculados a média e o desvio padrão dos caracteres quantitativos. As formas observadas incluíram esférica, ovoide e ovoide-trigonosa. Foram identificados três tipos de ornamentação: reticulada, foveolada e psilada. A escultura da superfície do mericarpo e o seu tamanho mostram variar entre as 12 espécies examinadas. Por conseguinte, os caracteres do mericarpo, como a forma do mericarpo, a ornamentação da superfície e a forma da cicatriz de abcisão, serão úteis para distinguir as espécies deste género (Salimpour *et al.,* 2014).

Bagherpour *et al.* (2014), estudaram e descobriram as caraterísticas anatómicas grosseiras, nomeadamente o caule, a lâmina e o pecíolo e as caraterísticas micromorfológicas, tricoma, pólen e nutlet de *Salvia vermifolia* Hedge & Hub-Mor. (Sect. Aethiopis Bentham, Lamiaceae) foram examinados utilizando microscopia de luz (LM) e microscopia eletrónica de varrimento (SEM). Obtiveram as caraterísticas anatómicas, tais como o caule é constituído por 4-8 camadas de células de colênquima e 1-3 camadas de células de clorênquima, a lâmina é anfistática, bifacial, com 2-3 camadas de células de paliçada na adaxial, o pecíolo tem três grandes feixes centrais e seis pequenos feixes subsidiários, estão presentes tricomas glandulares peltados, glandulares capitados e não glandulares, os tricomas glandulares peltados estão presentes em abundância no cálice e na corola, e os tricomas glandulares capitados são predominantes no cálice, no eixo da inflorescência, no pedicelo e no caule, os tricomas aciculares não glandulares estão situados principalmente no cálice, na corola, no eixo da inflorescência e nos pedicelos, enquanto os tricomas flocosos não glandulares são comuns em ambos os lados da folha, no eixo da inflorescência e no pecíolo. Estudos micromorfológicos como os grãos de pólen são hexacolpados a octacolpados, médios a grandes, oblato-esferoidais a prolato-esferoidais e a ornamentação da exina é bireticulada. Os nutlets são castanhos, de contorno ovoide-oblongo, de secção transversal arredondada-trigonosa, de superfície glabra e colicada.

FITOQUÍMICA

Miyasaka *et al.* (1986) estudaram *a Salvia miltiorrhiza* para a produção de criptotanshonina e ferruginol numa cultura de células imobilizadas.

Lu e Foo (2002) referiram que as folhas da *Salvia plebeia* são utilizadas na Coreia para tratar a hepatite, a inflamação, a hemorragia e o stress. Os seus constituintes incluem 6-hidroxiflavona e ácido rosmarínico.

A caraterização do óleo essencial de partes aéreas frescas de *Salvia dolomitica* foi relatada por Fisher (2005) e por Kamatou *et al.*, (2007a). Os constituintes principais foram o Geraniol, o acetato de Lynalyl e o Linalool, que são normalmente raros na *Salvia.*

De acordo com Kamatou *et al.*, (2007b, 2008, 2010), o óleo essencial de *Salvia dolomitica* exibiu boas actividades antiplasmódicas e anti-inflamatórias.

Saeidnia *et al.* (2012) mostraram que o extrato de acetato de etilo da raiz de *Salvia hypoleuca* continha 3 esteróis, 2 diterpenos e 5 triterpenos.

Os complexos de plantas medicinais contêm espécies que partilham nomes comuns, propriedades morfológicas e/ou aromáticas e utilizações medicinais; estes complexos encontram-se nos sistemas tradicionais de medicina. Num estudo realizado por Jenks & Kim (2013), procuraram complexos em *Calosphace* e os metabolitos secundários que contêm. O resultado foi que identificaram quatro complexos não identificados anteriormente. O "Mirto" é usado extensivamente no tratamento da doença popular susto e outras doenças no México, e é caracterizado por flores vermelhas. O "Nucchu" é utilizado como elemento simbólico em procissões religiosas e no tratamento de doenças respiratórias no Peru e é caracterizado por flores vermelhas. O "Cantueso", com flores azuis, é utilizado para doenças respiratórias no México, e o "Manga-paqui" é utilizado para doenças renais e hepáticas no Equador. Entre estes complexos, Mirto e Nucchu parecem ter níveis excepcionais de significado cultural.

Martins *et al.*, (2015) avaliaram e caracterizaram as propriedades bioactivas e os compostos fenólicos em diferentes extractos preparados a partir de *Salvia officinalis* L. A decocção e o extrato Metanol/Água apresentaram as propriedades antioxidantes e antifúngicas mais pronunciadas, estando positivamente relacionadas com a sua composição fenólica.

Jin *et al.*, (2015) relataram duas novas flavonas neocafhispidulin e 6'-O-acetil homoplantaginin, juntamente com 10 flavonas conhecidas e 1 polifenol foram isolados de plantas inteiras de *Salvia plebeia* R.Br.

Novos diméricos e seco-Abietanediterpenóides de *Salvia wardii* foram relatados Xiao *et al.*, (2015). As actividades inibitórias destes isolados contra 5 linhas celulares de cancro humano in vitro também foram testadas.

A Salvia officinalis é uma erva medicinal utilizada como cosmético, agente aromatizante, tem propriedades antibacterianas, antifúngicas, anticáries, antiplaca, antivirais, adstringentes e outras propriedades úteis, sendo também utilizada na prática dentária para a gestão da doença periodontal e para prevenir a halitose (Narayanan & Thangavelu, 2015).

O primeiro estudo GC-MS do óleo essencial de *Salvia bucharica* foi efectuado por Nadir *et al.*, (2014). No total, foram identificados 25 componentes, constituindo cerca de 93%. A principal classe de compostos identificados foi a dos monoterpenos oxigenados, constituindo 50,7% do total, com 5 membros. Oito compostos pertencem aos monoterpenóides, enquanto a contribuição dos sesquiterpenos é de 16,3%, representando 11 compostos. Nenhum diterpenóide foi identificado nesta espécie. Os principais constituintes do óleo essencial desta espécie são o 1,8-cineol (26,3%), a cânfora (16,4%), o β-cariofileno (10,9%), o sabineno (9,2%), o borneol (7%), o canfeno (6,2%), o α-pineno (3,9%), o trans-β-ocimeno (2,5%) e o elixeno (2%).

De acordo com Ghannadi *et al.*, (1999) estudaram os constituintes voláteis da flor da *Salvia hydrangea* DC. ex Benth. e foram caracterizados 12 componentes, representando 93,91% do total de componentes detectados por TLC, GC e GC/MS. O óxido de cariofileno (75,02%) e o patchoulialcohol (9,59%) foram os constituintes principais do óleo obtido com um rendimento de 0,25%.

CITOLOGIA

Os cromossomas de 17 espécies com diversas variedades de 3 espécies cultivadas de *sálvia* foram estudados por Haque (1981). Foram encontradas certas variações no número de cromossomas para a mesma espécie. Deste estudo, conclui-se que o género *Salvia* é altamente polibásico.

De acordo com Estilai *et al.*, (1990), as análises mitóticas de pontas de raiz de 50 plantas de *Salvia hispanica* L. revelaram $2n = 12$, o número cromossómico mais baixo do género. Os cromossomas eram pequenos, variando de 2 a 3,5 pm. Um par de cromossomas era metacêntrico, quatro pares eram submetacêntricos e um par era telocêntrico. A meiose foi regular e seis bivalentes foram observados na metáfase I.

A primeira contagem em material ibérico para *Salvia pratensis* (2n=18) é relatada por Boscaiu *et al.*, (1998).

De acordo com o estudo de Foley *et al.*, (2008), o complemento cromossómico do material de *Salvia tingitana* por eles analisado é, acrocêntrico, submetacêntrico e metacêntrico, de acordo com Levan *et al.*, (1964), os cromossomas são distinguíveis. Os cromossomas são pequenos, com um tamanho que varia entre 1,1 e 1,8 um. Embora as constrições primárias sejam claramente discerníveis, as constrições secundárias ou os cromossomas satélites da região organizadora nucleolar (NOR) não estão presentes.

Masoud *et al.,* (2010) relataram que foram efectuados estudos meióticos em dez espécies de *sálvia, S. spinosa, S. reuterana, S. sclarea, S. ceratophylla, S. xanthocheiala, S. limbata, S. hypoleuca, S. staminea, S. nemorosa* e *S. verticillata,* que revelaram números cromossómicos 2n = 14, 20, 22 e 32, indicando o papel desempenhado pela poliploidia e aneuploidia na diversificação das espécies de *sálvia.* Entre as espécies de *Salvia,* o valor mais alto de quiasmas totais relativos, terminais e intercalares ocorreu em *S. verticellata,* enquanto o valor mais baixo de quiasmas totais relativos e terminais ocorreu em *S. spinosa.* Também foram observados cromossomas retardatários e cromossomas pegajosos, bem como a formação frequente de células tripolares e multipolares devido a falhas na anáfase I e II.

Esra *et al.,* (2011) relataram o número, o tamanho e a morfologia dos cromossomas somáticos de 22 taxa turcos de *Salvia* L.

PALIOLOGIA

Gupta & Sharma (1990) relataram que o estudo de LM e SEM do pólen de um único espécime de *Salvia leucantha* Cav. colhido nas montanhas de Kumaon nos Himalaias ocidentais mostrou variações significativas no número de aberturas e no tipo, forma e tamanho dos grãos de pólen, o que não tinha sido relatado anteriormente. O pólen normal é 6-colpado, mas também ocorrem 4, 5, 7, *8,* 9, 10, 11-colpados a espiraperturados, o que o torna um conjunto heterogéneo. Em termos de forma, o pólen varia de oblato, suboblato, oblato-esferoidal, prolato-esferoidal a subprolato, enquanto que, em termos de tamanho, varia de 15 µm a 40 µm. Para além das variações acentuadas nas mónadas, o polimorfismo também se expressa em termos de díades e tríades. A ornamentação do exina não varia, sendo o padrão reticulado-retipilatesexina em todos os diferentes tipos sob LM e mostrando dupla escultura sob MEV.

De acordo com Ozler *et al.,* (2010), as caraterísticas palinológicas de 30 taxa de *Salvia* das secções Hymenosphace e Aethiopis da Turquia foram examinadas por microscopia eletrónica de luz e de varrimento, revelando que *S. aethiopis* (sect. Aethiopis) tem o pólen mais pequeno, enquanto *S. blepharochlaena* (sect. Hymenosphace) tem o pólen maior. A forma básica dos grãos de pólen na maioria dos taxa é suboblata, oblato-esferoidal, ou prolato-esferoidal a esferoidal; no entanto, grãos de pólen subprolatos são ocasionalmente encontrados em *S.*

cassia da sect. Aethiopis. O pólen hexacolpado é dominante em todos os taxa estudados nesta secção, mas os grãos de pólen heptacolpados e octacolpados estão misturados em *S. palaestina* (heptacolpado, 20%) e *S. candidissima* subsp. *candidissima* (heptacolpado, 2% e octacolpado, 40%). A escultura da exina é bireticulada (o tipo comum) ou reticulada-perfurada. Os padrões de escultura bireticulada e reticulada-perfurada podem ser divididos em subtipos de acordo com o número de lumina primária. São também discutidas as implicações taxonómicas dos dados polínicos.

CULTURA DE TECIDOS

Frett (1987), através das suas experiências, procurou determinar a concentração óptima de sal no meio MS e a melhor concentração de auxinas e citocininas a utilizar para o crescimento de rebentos de *Salvia greggii. Um* meio contendo 11,1 μM BA e sem NAA produziu o melhor crescimento de *Salvia greggii.*

As pontas de rebentos e as folhas excisadas de culturas de rebentos in vitro de *Salvia nemorosa* foram avaliadas por Skala & Wysokinska (2004) quanto à sua capacidade organogénica em condições in vitro. A melhor proliferação de rebentos a partir de pontas de rebentos foi obtida em meio Murashige e Skoog (MS) suplementado com 8,9 mM de 6-benzilaminopurina (BA) e 2,9 mM de ácido indol-3-acético (IAA). Os explantes da lâmina foliar e do pecíolo formaram rebentos através da organogénese via fase de calo e/ou diretamente a partir de tecido de explante.

A superfície de corte basal de explantes de rebentos apicais de *sálvia* cultivados em meio Murashige e Skoog (MS) suplementado com 4,5, 13,5 ou 22,5 μM de thidiazuron (TDZ) (Tawfik & Mohamed, 2007).

Foi desenvolvido um protocolo de cultivo in vitro para *S. africana-lutea*, uma espécie por Makunga & Staden (2008) ameaçada pela recolha excessiva devido à sua importância como planta medicinal aromática no Cabo Ocidental do Sul

África. A indução de rebentos adventícios foi mais bem sucedida usando hipocótilos como explantes para propagação em meio Murashige e Skoog (Physiol Plant 15:473-497, 1962) suplementado com 4,4 lM BA apenas; 2,7 lM NAA e 4,4 lM BA; ou 2,9 lM IAA e 9,3 lM cinetina respetivamente.

O estudo de Sharma *et al.,* (2014) fornece um protocolo para a propagação in vitro de alta frequência e a conservação a curto prazo utilizando a tecnologia de encapsulamento da *Salvia splendens*. Os segmentos nodais foram mais reactivos do que as pontas de rebentos em termos de multiplicação de rebentos. O meio basal de Murashige e Skoog (MS) aumentado com 5,0 lM de 6-benzil adenina (BA) foi ótimo para a indução de rebentos em ambos os explantes.

Num estudo, Bassolino *et al.*, (2015), desenvolveram um protocolo de cultura de tecidos de *Salvia dolomitica*, uma salva particularmente perfumada e também avaliaram o rendimento e o perfil do óleo essencial (OE) produzido a partir de plantas cultivadas in vivo em comparação com a planta cultivada in vitro em duas condições de crescimento de intensidade de luz. Os extractos de plantas segregados a partir de tricomas glandulares são, nas Lamiacea, uma fonte valiosa de compostos voláteis biologicamente activos.

ETHNOBOTANY

Bean & Saubel (1972) referiram que, na Califórnia, as folhas da *Salvia officinalis* eram queimadas nos banhos de suor dos Cahullia, que inalavam o fumo para tratar constipações. Os vizinhos Diegueno, também da Califórnia, queimavam as folhas e usavam o fumo como fumigante para a casa de uma pessoa doente (Romero, 1954).

A Salvia hispanica L. (*Chia*) foi um importante alimento básico e planta medicinal da Mesoamérica nos tempos pré-colombianos. As sementes ajudam a superar a resistência à absorção de medicamentos, os tratamentos respiratórios e obstétricos e a utilização como estimulante tiveram uma prevalência um pouco maior no período anterior a 1600, mas não se aproximaram da magnitude da diferença para a subcategoria oftalmológica. As utilizações culinárias das sementes de Chia foram classificadas como sementes inteiras, farinha de sementes, mucilagem de sementes e óleo de sementes. A importância da Chia nas bebidas e alimentos mexicanos pré-colombianos é um ponto referido pela maioria dos cronistas. A prática comum de torrar e moer as sementes até obter uma farinha conhecida como Chianpinolli imitava o processamento dos grãos de milho e, muitas vezes, as duas sementes eram processadas simultaneamente. As utilizações artísticas anteriores a 1600 restringiam-se ao óleo de sementes para cosméticos, vernizes e tintas, que continuaram a ser as utilizações predominantes. (Cahill., 2003).

As folhas e flores *da Salvia elegans* (Salva-ananás) conferem um aroma semelhante ao do ananás aos alimentos, mas a sua única utilização real na culinária é como flor fresca comestível (Anónimo, 2013).

ÁREA DE ESTUDO

O presente estudo limitou-se às fronteiras políticas da Índia, que é o sétimo maior país do mundo. Geograficamente, a Índia é delimitada pelo oceano Índico a sul, pelo mar Arábico a sudoeste e pela baía de Bengala a sudeste. Faz fronteira terrestre com o Paquistão a oeste, com a China, o Nepal e o Butão a nordeste e com Myanmur e o Bangladesh a leste. O país inclui 3.287.590 quilómetros quadrados de área na região sul da Ásia. A Índia está situada a norte do equador, entre 8 graus 4' e 37 graus 6' de latitude norte e 68 graus 7' e 97 graus 25' de longitude leste.

1. Divisões fisiogeográficas da Índia

Fisiogeograficamente, a Índia pode ser dividida em cinco regiões. São elas: as Montanhas do Norte, as Planícies Indo-Gangéticas, o Planalto Peninsular, a Ilha e as Planícies Costeiras.

a. As montanhas do Norte

As regiões montanhosas do norte, constituídas pelas cordilheiras dos Himalaias, Hindu Kush e Patkai, definem o norte do subcontinente indiano. A Índia tem oito grandes cadeias de montanhas com picos de mais de 1.000 m (3.300 pés).

Monte Evereste, Krakoram, Patkai, cordilheira de Vindhya, cordilheira de Satpura, cordilheira de Aravali, Ghats ocidentais e Ghats orientais.

b. Planície Indo-Gangética

As planícies abrangem uma área de 700.000 metros quadrados. É dominada por três rios principais, o Indo, o Ganges e o Brahmaputra.

c. A Índia Peninsular

Existem três planaltos principais: O planalto de Malwa, a oeste, o planalto de Deccan, a sul, e o planalto de Chota Nagpur, a leste.

d. As ilhas

As ilhas Lakshadweep e as ilhas Andaman e Nicobar são as duas maiores formações insulares da Índia. As ilhas Lakshadweep situam-se entre 200 e 300 km ao largo da costa de Kerala, no mar Arábico, com uma área de 32 metros quadrados. As ilhas Andaman e Nicobar estão situadas entre 6° e 14° de latitude norte e 92° e 94° de longitude leste.

e. As planícies costeiras

A planície costeira oriental é uma vasta extensão de terra situada entre os Ghats Orientais e a Baía de Bengala. A planície costeira ocidental é uma estreita faixa de terra situada entre os Ghats ocidentais e o Mar Arábico, com uma largura que varia entre 50 e 100 km.

2. Geografia da Índia

a. clima, temperatura e humidade

A Índia tem principalmente 4 estações, o inverno (janeiro-fevereiro), o verão (março-maio), a estação das monções (chuvas) (junho-setembro) e o período pós-monção (outubro-dezembro). As temperaturas podem ultrapassar os 40°C durante o dia. As regiões costeiras ultrapassam os 30 °C (86 °F), juntamente com elevados níveis de humidade. Na zona desértica, as temperaturas podem ultrapassar os 45 °C. Durante o inverno, a Índia peninsular tem dias amenos a quentes e noites frescas. No norte, a temperatura é mais baixa. Em algumas zonas das planícies indianas, as temperaturas descem por vezes abaixo de zero. A maior parte do norte da Índia é afetada por nevoeiro durante esta estação. A temperatura mais elevada registada na Índia foi de 50,6 °C em Alwar, no Rajastão. A mais baixa foi de -45 °C em Caxemira.

b. solo

Na Índia, estão presentes seis tipos diferentes de solos: solos aluviais, solos negros, solos vermelhos, solos lateríticos, solos de montanha e solos desérticos. O solo aluvial é o principal tipo de solo encontrado na Índia, cobrindo cerca de 40% da área total de plantas. Encontra-se maioritariamente nas planícies e deltas do norte. A terra preta, também designada por "terra preta de algodão", encontra-se sobretudo na armadilha de Deccan. A terra preta é conhecida pela sua capacidade de reter a humidade. O solo laterítico forma-se em condições de temperatura elevada e precipitação intensa com períodos húmidos e secos alternados, encontrando-se principalmente nos cumes dos Ghats ocidentais, Ghats orientais, colinas de Rajmahal, Vindhyas, Satpuras e planalto de Malwa. O solo de montanha encontra-se geralmente nas encostas das colinas cobertas de florestas, especialmente nas regiões dos Himalaias. Para além da região dos Himalaias, este solo encontra-se também nos Ghats ocidentais e orientais e em algumas partes da Índia peninsular. O solo desértico encontra-se sobretudo nas regiões áridas e semi-áridas, com menos de 50 cm de precipitação anual. Estas regiões encontram-se sobretudo no Rajastão e nas zonas adjacentes de Haryana e Punjab. O Rann de Kachchh, em Gujarat, é uma extensão desta região.

c. Floresta

A Índia é um país grande e diversificado. A sua superfície terrestre inclui regiões com uma das precipitações mais elevadas do mundo, desertos muito secos, zonas costeiras e regiões alpinas, deltas de rios e ilhas tropicais. Os vários tipos de florestas na Índia incluem florestas tropicais perenes, tropicais decíduas, pântanos, mangais, subtropicais, montanhosas, arbustivas, sub-alpinas e alpinas.

d. Rios

Um rio é um curso de água natural, geralmente de água doce, que corre para um oceano, um lago, um mar ou outro rio. De acordo com a geografia indiana, os rios que correm para o mar encontram-se ao longo da costa, começando na Baía de Bengala, a leste, seguindo ao longo da costa indiana para sul, até Kanyakumari, e depois para norte, ao longo do Mar Arábico.

MATERIAIS E MÉTODOS

MATERIAIS

A área de estudo restringe-se às plantas encontradas nas fronteiras políticas da Índia Independente. O material para o estudo é feito principalmente com espécimes de herbário e fotografias obtidas de vários herbários (K, CAL, P etc.). Das 31 espécies estudadas através deste trabalho, 3 (*Salvia coccinea, Salvia splendens e Salvia leucantha*) são estudadas usando espécimes frescos. Os espécimes frescos foram recolhidos no Jardim Botânico da Universidade de Calicute. As outras espécies são estudadas com a ajuda de floras autênticas, e-floras e utilizando protólogos. Os pormenores de campo, como o hábito, a cor da flor, a pubescência, a altura da planta, etc., foram anotados. As fotografias foram tiradas com uma câmara digital (Nikon, D3100). Os caracteres florais foram estudados e foram tiradas fotografias de cada parte com um estereomicroscópio Leica M80.

MÉTODOS

As descrições e ilustrações dos espécimes frescos estudados foram efectuadas através de um estudo estereomicroscópico. Com base nisso, foram anotados os pormenores morfológicos. Foram também utilizadas as bases de dados em linha, como o International Plant Name Index, a Biodiversity Heritage Library, a Kew World Checklist Of Plant Families, o Kew herbarium, o Tropicos, etc. As ilustrações são feitas com uma caneta Rotring e papel Gateway.

Foram recolhidas as principais floras, revisões recentes e várias publicações relacionadas com pormenores como género, família e espécie. A biblioteca IAAT do Memorial V.V Sivarajan foi utilizada para consultar as floras. Os espécimes foram também examinados utilizando espécimes-tipo recolhidos no catálogo do Herbário de Kew.

TAXONOMIA

Salvia L., Sp. PL, 1:23 (1753); Benth., Lab, Gen. Sp.: 190 (1833); Hook.f., Fl. Brit. India. 4: 656 (1885); Duthie, Fl. Gangetic plain 2: 256

(1911); Peter-Stibal Sond. Fedd. Repert. 39: 185 (1936); Epling, Ann. Missouri Bot Gard. 25,1: 95-188 (1938); Epling, Rep, Spec, Nov, Beih. 110: 1-383 (1938-1939); Kanjilal et. al., Fl. Assam 3: 518

(1939); Mukerjee, Rec.Bot. Surv. India 14: 107 (1940); Maheswari, Fl. Delhi 288 (1963); Cooke, Fl. Pres. Bombay 2: 558 (1967);

H.Santappu, Fl. Khandala 219 (1967); Hedge, Notes Roy, Bot. Gard. Edin. 33: 1-121 (1974); G. Singh & Kachroo 211 (1976); Bhanda, Fl. Indian desert 283 (1978); N.C Nair, Fl. Punjab plain 216 (1978); Hedge in Davis(ed.), Fl. Turkey 7: 400-461 (1982); Shetty & Pandey, Fl. Tonk Distr. 159-160 (1983); V. Singh, Fl. Banswara 194 (1983); Gamble, Fl. Pres. Madras 1155 (1984); Chowdhery & Wadhwa, Fl. Himachal Pradesh 2: 586-587 (1984); Naithani, Fl. Chamoli 2: 519 (1985); Verma et. al., Fl. Raipur, Durgand & Rajnandgaon 309 (1985); S. Rao, Fl. Goa, Diu, Dadra & Nagar haveli 2: 351(1986); Sharma et. al., Fl. Semi-arid Punjab 88 (1987); Deb & R.M Dutta in J. Econ.Taxon. Bot. 10(1): 49(1987); Kamble & Pradhan, Fl. Akola Distr. 186 (1988); Misra & Verma, Fl. Allahabad Distr. 304 (1989); Shetty & Singh 2: 707 (1991); B.D.Sharma & Lakshmin, Fl. Nasik Distr. 398 (1991); M.J. Kothari & S. Moorthi, Fl. Raigad Distr. 324 (1993); S. Karthikeyan & Anandkumar, Fl. Yavatmal Distr. 207 (1993); Sharma & Dhakre, Fl. AgraDistr. 227 (1995); Deshpande et. al., Fl. Mahabaleswar 487-488 (1995); T. Pullaiah et. al., Fl. Medak Distr. 189 (1998); N.D.Paria & Chattopadhyay 2: 709-710 (2005); S.G.Pradhan et. al., Fl. Sanjay Gandhi National park 516 (2005); Saxena & Brahmam, Fl. Orissa 3: 1484 (1995); G.S Giri et. al., Fl. Arunachal Pradesh 296 (2008); Sinha et. al., Fl. Mizoram 350 (2012).

Schraderia Medik., Philos. Bot. 2: 40 (1791), *nom.rejec.*

Audibertia Benth. Edwards's Bot. Reg. 17: t. 1469 (1831), *nom. Illeg.*

Salviastrum Scheele, Linnaea 22: 584 (1849).

Polakia Stapf., Denkschr. Kaiserl.Akad.Wiss., Wien. Math.-Naturwiss. Kl. 50: 43 (1885).

Ramona Greene., Pittonia 2: 235 (1892).

Pycnosphace Rydb., Fl. Rocky Mts: 747 (1918).

Arischrada Pobed., NovostiSist. Vyssh.Rast.9: 247 (1972).

Ervas ou arbustos anuais ou perenes frequentemente aromáticos, muitas vezes viscosos com pêlos simples, raramente dendroides. *Folhas* simples, lobadas com dentes, pinadas ou pinadas, raramente espinhosas. *Inflorescência* terminal e/ou axilar, frequentemente paniculada, espiciforme de verticilosters distantes ou congestionados com 1 a muitas flores; brácteas discretas ou maiores e por vezes coloridas, caducifólias ou persistentes, raramente espinhosas, bractéolas presentes ou não. *Cálice* 3-5 lóbulos, com 2 lábios (1 ou 3/2), lóbulos raramente espinescentes, tubo cilíndrico a campanulado, 9-15 nervuras, frequentemente acuminadas. *Corola* fortemente bicéfala, com 4-5 lóbulos (1-2/3), branca a amarela, ou púrpura a vermelho vivo ou azul; lábio posterior frequentemente mais longo, fortemente falcado, quase direito ou achatado, inteiro ou emarginado, lábio anterior frequentemente com um lóbulo mediano mais largo, tubo por vezes invaginado ou ventricado por baixo, ou com "papilas" emparelhadas no interior, anuladas ou não; *Estames* férteis 2, com o par posterior vestigial ou ausente, o par anterior incluído a longamente inserido, filamentos geralmente curtos, tecas geralmente 1 por aborto, às vezes 2, conectivo alongado, muitas vezes mais longo que o filamento, geralmente articulado na junção do filamento, às vezes dentado, braço posterior ascendente sob o lábio da corola, às vezes curvado, com tecas férteis, braço anterior com tecas subférteis reduzidas ou substituídas por calo dolabriforme ou achatado, às vezes conato; lóbulos estigmáticos geralmente desiguais; disco com 4 lóbulos, sendo o lóbulo anterior frequentemente maior. *Frutos secos* trigonos, ovóides ou suborbiculares, com pequenas cicatrizes de abcisão, mucilaginosos ou não.

Distribuição: Cosmopolita.

CHAVE DAS ESPÉCIES DO GÉNERO *SALVIA* L.

1. Folhascomposto..(2)

Folhas simples .... (3)

2. Folhetos inteiros; cálice com cerca de 20 mm de comprimento, muito expandido na boca

12. S. hydrangea

Folhetos crenados ou serrilhados; cálice 4-7 mm de comprimento, não expandido na boca

20. .... S. plectranthodes

3. Plantas arbustivas ou subarbustivas ....(4)

Plantas herbáceas ou herbáceas...(9)

4. Corola 15-25 mm de comprimento ....(5)

Corola 5-7 mm de comprimento ....(7)

5. Verticilos<5 flores.. **4. S. cabulica**

Verticilos>5 flores... (6)

6. Cálice séssil ....**9. S. dumetorum**

Cálice pedicelado .... **13. S. Ieucantha**

7. Folhas mais ou menos lineares, subsésseis, pouco pecioladas.................(8)

Folhas triangulares - Ovadas, pecioladas, pecíolo tão longo quanto a lâmina foliar

30. S. tebesana

8. Cálice com pêlos glandulares; corola anulada no interior**1. S. aegyptiaca**

Cálice com pêlos eglandulares muito longos; corola exanulada.........................

23. .... S. Santolinifolia

9. Folhas +espessas, rugosas ou rugosas; dentes do cálice espinhosos ou espinhosos ... (10)

Folhas membranosas, nem rugosas nem rugosas; dentes do cálice não espinhosos... (17)

10. Todas as folhas + sésseis.. **6. S. cana**

Todas as folhas pecioladas (...11)

11. Cálice <11 mm na flor (...12)

Cálice >11 mm na flor (....15)

12. Brácteas ovadas, acuminadas (...13)

Brácteas arredondadas, cuspidadas ...., ...(14)

13. Frutos secos de cor verde pálido **16...S. moorcroftiana**

Frutos secos de cor castanha ....**21. S. rhytidea**

14. Inflorescência paniculada, glandular....................................**26. S. sclarea**

Inflorescências racemosas simples, eglandulares ....**31. S. virgata**

15. Cálice campanulado...**2. S. asperata**

Cálice tubular .... (16)

16. Lábio superior da corola branco, suberecto................ **14. S. macrosiphon**

Lábio superior da corola comprimido, falcado ....**27. S. spinosa**

17. Conectivos + curvos, semicirculares ou arqueados; braços superiores mais compridos ou iguais aos braços inferiores; células anteras nas extremidades dos braços superiores e inferiores férteis... (18) Conectivos + rectos, não curvos, semicirculares; células das anteras dos braços da flor estéreis .... (28)

18. Corola com 10-15 mm de comprimento, braços dos conectivos subiguais ou não iguais (19)

Corola 20-40 mm de comprimento, braços dos conectivos iguais.............. (20)

19. Cálice em flor com 3-5 mm de comprimento; corola de cor púrpura clara; lábio superior não encapuzado ....**24. S. saxicola**

Cálice em flor com 8-10 mm de comprimento; corola amarelo-pálido; lábio superior encapuzado .... **22. S. roborowskii**

20. Tubo da corola curvo.. (21)

Tubo de corola reto.. (22)

21. Lâmina foliar com 20-40 cm de comprimento; corola de cor púrpura escura **7. S. castanea**

Lâmina da folha com 3-8 cm de comprimento; corola amarela **15. S. mekongenesis**

22. Cálice em flor com 20-22 mm de comprimento...............**3.S. amplicalyx**

Cálice em flor com 10-15 mm de comprimento .... (23)

23. Flores de cor amarela; corola anulada no interior .... (24)

Flores de cor púrpura, azul ou violeta; corola não anulada no interior........ (26)

24. Lâmina da folha + hastado ....**10. S. glutinosa**

Lâmina da folha ovada - cordada .... (25)

25. Inflorescência muito ramificada .... **5. S. campanulata**

Inflorescência simples, não ramificada .... **29. S. sikkimensis**

26. Corola >40 mm de comprimento, anulada .... **11. S. hians**

Corola < 40 mm de comprimento, exanulada .... (27)

27. Cálice do lábio superior subulado, dentes do lábio inferior triangulares **18. S. officinalis**

Lábio superior subulado, lábio inferior ovado-lanceolado ... **25. S. schizocalyx**

28. Lâmina foliar com pêlos finos e estrigosos .... **8. S. coccinea**

Lâmina foliar esparsamente pilosa ou puberulenta .... (29)

29. Caule ereto, crescendo menos de 1 m................................. **19. S. plebeia**

Caule ereto que cresce até 1 m ou mais de 1 m .... (30)

30. Corola vermelho vivo .... **28. S. splendens**

Corola amarelo-pálido .... **17. S. nubicola**

TRATAMENTO DAS ESPÉCIES

1. **Salvia aegyptiaca** L. Sp. Pl.: 23 (1753); Hook.f., Fl. Brit. India. 4: 656 (1885); Duthie, Fl. Gangetic plain 2: 256 (1911); Mukerjee, Rec. Bot. Surv. India 14: 107 (1940); J.K. Maheswari, Fl. Delhi 288 (1963); Cooke, Fl. Pres. Bombay 2: 558 (1967); M.M. Bhandari, Fl. Indian desert 283 (1978); Shetty & Pandey, Fl. Tonk Distr. 159-160 (1983); Misra & Verma, Fl. Allahabad Distr. 304 (1989); B.V.Shetty & V.Singh, 2: 707 (1991). **Fig.1.**

Tipo : Jacquemont . V., 74 (K 000901021!).

Sinónimos heterotípicos:

Melissaperennis Forssk., Fl. Aegypt.- Arab.: 108 (1775).

Salvia arida Salisb., Prodr. Stirp. Allerton: 73 (1796).

Thymus hirtus Viv., Fl. Libyc. Spec.: 30 (1824), *nom. illeg.*

Thymus syrticus Spreng., Syst. Veg. 2: 697 (1825).

Salviapumila Benth., Labiat. Gen. Spec.: 726 (1835); Hook.f., Fl. Brit. Ind. 4: 656 (1885); Mukerjee, Rec. Bot. Surv.India 14: 108 (1940); Hook. & Thomson, Fl. Indica 1: 147 (1976).

Salvia aegyptiaca var. *intermedia* E.Peter, Repert. Spec. Nov. Regni Veg. 39: 182 (1936); Mukerjee, Rec. Bot. Surv. India 14: 107 (1940).

Salvia gabrieli Rech.f., Bot. Jahrb. Syst. 71:538 (1941).

Subarbustos anões muito ramificados; ramos esgalgados, divergentes, rígidos, com caruma ou escabrosos. *Folhas* rígidas, pequenas, subsésseis, com 2 cm de comprimento, linear-lanceoladas, agudas, crenadas na base, rugosas e pilosas, com nervuras proeminentes por baixo. *Inflorescência* com 2-4 flores, em longos racemos. *Cálice* curvado para baixo, pubescente com pêlos em forma de glândula; lábio superior com 3 dentes, os dentes laterais curvados em direção ao médio; lábio inferior com 2 dentes, mais comprido do que o superior; cálice frutífero com 6 mm de comprimento. *Corola* com 5 mm de comprimento; tubo anulado no interior; lábio superior ligeiramente entalhado; lábio inferior com 3 lóbulos, o do meio maior. *Estames* muito pequenos, esbranquiçados. *Frutos* secos minúsculos, pretos e ligeiramente azulados, oblongo-elipsoidais, lisos.

Floração e frutificação: dezembro - março.

Habitat e Ecologia: Comum em locais húmidos, ao longo de bermas de estradas, bordaduras de campos cultivados e em matagais.

Distribuição: Macaronésia a NW. Índia (Baluchistão, Punjab, Rajastão), Deli, Rajastão.

Espécime examinado: Jacquemont . V., 74.

2. **Salvia asperata** Falc. ex Benth. in DC., Prodr. 12: 282 (1848); Hook.f., Fl. Brit. India 4: 654 (1885); Peter & Stibal in Sond. aus Fedd. Repert. 39: 185 (1936); Mukerjee, Rec. Bot. Surv. India 14: 107 (1940). **Fig. 14. A**

Tipo: Falconer, H. s.n.(K000901005) (Lectotypified here).(K imagem digital!).

Folhas de pecíolo longo, oblongo-ovaladas, obtusas, crenadas, cordadas, com 15-30 cm de comprimento; pecíolo robusto, com 7-15 cm de comprimento. *Inflorescência* 6-10 flores, cálice com 12 mm de comprimento, híspido, amplamente campanulado, rígido; dentes espinhosos; o dente central do lábio superior é mais pequeno. *Corola* com 20 mm de comprimento, branca; tubo curto e delgado, não anulado no interior; garganta ligeiramente insuflada; lábio superior longo, estreito, curvo; inferior mais curto, com 3 lóbulos. *Conectores* com pontas calosas deflectidas para trás; células imperfeitas abruptamente dilatadas. *Frutos secos* pequenos, subglobosos, de cor castanha, marcados com reticulações.

Floração e frutificação: maio - julho. Alt. 1700-2200 m.

Habitat e Ecologia: Habitualmente encontrado em aberturas de floresta.

Distribuição: Himalaia, Caxemira.

Espécime examinado: Falconer, H. s.n.(K000901005)(K imagem digital).

(Nota: Não foi possível encontrar nenhum exemplar vivo. A descrição é baseada no espécime tipo. Existe apenas um único exemplar em K pertencente a Falconer's, provavelmente colhido em Cachemeria. Não existe qualquer informação sobre outro espécime na literatura. Esta espécie é provavelmente endémica da Índia (região fronteiriça entre a Índia e o Paquistão).

3. **Salvia amplicalyx** E.Peter, Repert. Spec. Nov. Regni Veg. 39: 180 (1936); Mukerjee, Rec. Bot. Surv. India 14: 113 (1940). **Fig. 2.**

Tipo: Índia, Sikkim, Lachen, Hooker J.D, 09-07-1845 (K000901022) (Lecto tipificado aqui) (K imagem digital!)

Ervas perenes erectas, com caule quadrangular robusto, estriado, frequentemente sulcado, densamente coberto de pêlos castanhos curtos, glabrescente para baixo. *Folhas* maioritariamente nas partes inferiores do caule, pecioladas ovado-cordadas, agudas, margem regularmente crenada; superfície superior coberta de pêlos adpressamente ásperos, superfície inferior pálida, densamente glandular pontuada, peluda nos nervos; pecíolo robusto, 0,5 -4,5 cm. de comprimento, densamente coberto de pêlos castanhos curtos; lâmina 4-15 cm de comprimento. *Inflorescência* distante, com 2-4 flores, em recemas simples ou ramificadas; brácteas sésseis, ovadas, com 10-15 mm. de comprimento, base cuneiforme, ápice abruptamente constrito e caudado, margem inteira, ciliada. *Cálice* amplamente campanulado, com 20-22 mm de comprimento, subglabro; lábio superior alargado, com 8-9 mm de comprimento, ovado, inteiro, pubescente com pêlos longos; lábio inferior com 3 lóbulos, tão longo como o lábio superior; lóbulos laterais reflexos, arredondados, pouco ciliados, lóbulo mediano algo obcordado. *Conectores* curvos, ligeiramente pilosos; células anteras inferiores mais curtas e férteis.

Floração e frutificação: março - maio.

Habitat e Ecologia: Áreas abertas e margens de florestas.

Distribuição: Sikkim, Lachen 3500 m.

Espécime examinado: Sikkim, 09-07-1845, Hooker, J.D. s.n. (K000901022).

(Nota: Esta é uma espécie descrita por Peter-Stibal em 1936 com base num espécime de Hookers que ele identificou como *S. campanulata*. Não existem informações sobre este táxon em nenhuma outra flora publicada na Índia depois de Mukerjee. Esta espécie é descrita em Sikkim e é provavelmente endémica da região).

4. Salvia cabulica Benth. in DC., Prodr. 12: 268 (1848); Mukerjee, Rec. Bot. Surv. India 14: 107 (1940). **Fig. 14. B.**

Tipo: Afeganistão, *Griffith* 471 (K000929698!) (K imagem digital!).

Sinónimos heterotípicos:

Salvia cabulica var. *scrotina* Hedge, Notes Roy. Bot. Gard. Edinb. 31: 341 (1972).

Pequenos arbustos de 60-100 cm. de altura, com ramos delgados e rígidos; partes mais velhas com cascas brancas descamadas. *Folhas* pecioladas, ovado-orbiculares, crenadas, cordadas na base, rugosas, suavemente vilosas; lâmina com 1-2 cm de diâmetro; pecíolo com 0,5-1,5 cm de comprimento. *Inflorescências* 2-4 floridas, poucas subterminais ou axilares. *Cálice* pedicelular, 10 mm. de comprimento, campanulado; lábio superior com 3 dentes curtos; dentes todos mucronados. *Corola* com 15-25 mm de comprimento, tubo exserso, anulado no interior; lábio superior ereto emarginado. *Frutos secos com* cerca de 3 mm de comprimento, suborbiculares, mucilaginosos quando cozidos.

Floração e frutificação: abril - maio (até agosto).

Habitat e Ecologia: Locais secos e rochosos.

Distribuição: Do E. Afeganistão ao W. Paquistão. Na Índia, encontra-se na fronteira do Punjab, Baluchistão.

Espécime examinado: Afeganistão, Griffith, W. 471 (K000929698); Pushut, Griffith, W. sn. (K000929696); Jharowul, 1852, Griffith, W. s.n. (K000929697); Bharawul Griffith, W 3925 (K000929695).

(Nota: Esta espécie nunca foi registada nas fronteiras políticas da Índia da Independência. A localidade tipo é o Afeganistão e a distribuição inclui a província do Punjab, que atualmente faz parte do Paquistão).

5. Salvia campanulata Wall. ex Benth. in Wall., Pl. Asiat . Rar. 1: 67 (1830); DC Prodr. 12: 276; Hook.f., Fl. Brit. India 4: 654 (1885); Mukerjee, Rec. Bot. Surv. India 14: 107 (1940); Xi-wan Li & I.C. Hedge, Fl. China 17: 206 (2015).

Tipo: Nepal, Gossain Than, 1829, N. Wallich 2143 (K000901004!) (K imagem digital!).

Sinónimos heterotípicos:

Salvia codonantha E.Peter, Ata Horti Gothob. 9: 127 (1934).

Salvia campanulata var. *codonantha* (E.Peter) E.Peter, Repert. Spec. Nov. Regni Veg. 39: 180 (1936).

Salvia campanulata var. *fissa* E.Peter, Repert. Spec. Nov. Regni Veg. 39: 179 (1936).

Salvia campanulata var. *hirtella* E.Peter, Repert. Spec. Nov. Regni Veg. 39: 179 (1936).

Salvia campanulata var. *pilinophylla* E.Peter, Repert. Spec. Nov. Regni Veg. 179 (1936).

Ervas robustas, com 60-80 cm. de altura ou mais, viscamente pubescentes com tufos de pêlos castanhos, articuladas no caule e nos ramos. *Folhas* longamente pecioladas, amplamente ovado-cordadas, dentadas, agudas ou obtusas; lâmina com 10-18 cm de comprimento, 8-15 cm de largura; pecíolo com 7-15 cm de comprimento. *Inflorescências* poucas, pouco floridas, distantes em panículas frouxas ou racemos. *Cálice* com 13 mm de comprimento, largo e ligeiramente campanulado, boca larga. *Corola* amarela, de 20 a 25 mm de comprimento; tubo excertado, anulado no interior; lábios curtos. *Conectivo* com uma célula imperfeita atrás. *Frutos secos* 4 mm elípticos-obovados, comprimidos.

Floração e frutificação: Meados de maio.

Habitat e Ecologia: Zonas de sombra parcial.

Distribuição: Dos Himalaias à SC. China; Na Índia, é encontrada em Sikkim, alt. 913000 ft.

Espécime examinado: Nepal, Gossain Than, N. Wallich 2143 (K001115300); N. Wallich, 2143 (K001115299).

6. **Salvia cana** Wall. ex Benth., Edwards's Bot. Reg. 15: t. 1292 (1830); Xi- wan Li & I.C. Hedge, Fl. China 17: 217 (2015). **Fig. 3, Placa 1.**

Tipo: Índia, Deyra Dhun, 1825, N. Wallich, 2145 (K001115302) (K imagem digital!).

Sinónimos homotípicos:

Stenarrhena lanata D.Don, Prodr. Fl. Nepal: 111 (1825).

Sinónimos heterotípicos:

Salvia integrifolia Hardw., Asiat. Res. 6: 349 (1799), *nom. illeg.*

Salvia lanata Roxb., Hort. Bengal: 80 (1814), *nom. illeg.*

Salvia mukerjeei Bennet & Raizada, Indian Forester 108: 303 (1982).

Pequenas ervas perenes robustas, por vezes com muitos caules, de 30-50 cm de altura, densamente e suavemente lanosas. *Folhas* maioritariamente radicais, sésseis, com 13-17 cm de comprimento, estreitamente oblanceoladas, obtusas, crenadas, estreitadas na base; superfície superior tomentosa ou glabra, rugosa; superfície inferior branca tomentosa ou vilosa. *Inflorescência* com 6-8 flores, distante numa espiga longa; brácteas verdes no ápice e brancas na base, com cerca de 10 mm de comprimento, orbiculares, abruptamente pontiagudas, viscamente peludas. *Cálice* com 6-3 mm de comprimento na flor, e também no fruto; campanulado, viscamente piloso; lábio superior com 3 dentes, inferior com 2 dentes, todos espinhosos. *Corola* com cerca de 18 mm de comprimento, azul-púrpura; tubo delgado, não anulado no interior; garganta insuflada, lábio superior tão longo como o tubo, curvo;

inferior pequeno. Estames exercitados, cor púrpura; os conectivos têm as pontas calosas deflectidas para trás; células imperfeitas abruptamente dilatadas. *Frutos secos* pequenos, castanhos, globosos.

Floração e frutificação: abril - julho.

Habitat e Ecologia: Encontrada em locais abertos e nas bermas das estradas como uma planta comum em Himachal Pradesh.

Distribuição : Do Paquistão ao Nepal. Na Índia, Caxemira, Punjab.

Espécime examinado: Kumaon, Blinkworth, R. 2145(K001115305); Sirmore, Govan, G. 2145 (K001115303); S. Coll, 2145 (K001115308).

7. **Salvia castanea** Diels in Not. Bot. Gard. Edin. 5: 233 (1912); Stibal in Ata. Hort. Gothoburg. 9: 134 (1934); Peter-stibal in Sond. aus Fedd. Repert. 39: 181 (1936); Mukerjee, Rec. Bot. Surv. India 14: 112 (1940); Xi- wan Li & I.C. Hedge, Fl. China 17: 208 (2015).

Tipo: Bhutan-Sikkim, Bhutan (E) Cooper, R.E. 2238 (K000901023!) (K imagem digital!).

Sinónimos heterotípicos:

Salvia castanea f. *glabrescens* E.Peter, Ata Horti Gothob. 9: 13 (1934).

Salvia castanea f.*pubescens* E.Peter, Ata Horti Gothob. 9:134 (1934).

Salvia castanea f. *tomentosa* E.Peter, Repert. Spec. Nov. Regni Veg. 39: 181

(1936).

Ervas erectas, de 40-60 cm. de altura, com caule robusto e rizoma robusto; pubescentes nas partes superiores. *Folhas* maioritariamente na base do caule, com pecíolo muito longo, estreitamente triangular-ovalado ou lanceolado, obtuso, arredondado ou cordado na base, margem ligeira e irregularmente crenada, superfície superior pilosa, pálida por baixo; lâmina com 20-40 cm de comprimento; pecíolo com 14-16 cm de comprimento. *Inflorescências* distantes, 4-6 flores, frouxamente dispostas em racemos geralmente simples ou com muitos ramos curtos na base; brácteas com margem de cor violeta, densamente glandulares, ciliadas, amplamente obovadas ou ovadas. *Cálice* campanulado, furfuráceo, de cor púrpura; lábio superior mais comprido do que o inferior, inteiro ou trifacetado; tubo do cálice com 18 mm de comprimento e tão largo na boca. *Corola* com cerca de 35-40 mm de comprimento, pubescente, de cor castanho-púrpura, amarelo-avermelhada na base; tubo estreito, curvo, alargando-se gradualmente; lobo mediano do lábio inferior elíptico com margem lobulada; lobos laterais amplamente ovados; lábio superior adunco.

Floração e frutificação: maio - setembro.

Habitat e Ecologia: Florestas, encostas, prados; 2500-3800 m.

Distribuição : C. Himalaya até SC. China, Nepal, Tibete.

Espécime examinado: Butão, Cooper, R.E. 2238 (K000901023); Yunnan, Forrest, G. 10907 (K000929851).

(Notas: O tipo foi recolhido na área de Bhuttan-Sikkim e está provavelmente presente na Índia. Esta espécie é encontrada principalmente no Nepal e na China).

8. Salvia coccinea Buc'hoz ex Etl., Salv.: 23 (1777); Kanjilal et. al., Fl. Assam 3: 518 (1939); Cooke, Fl. Pres. Bombay 2: 558 (1967); Deb & R.M Dutta em J. Econ. Taxon. Bot. 10(1): 49 (1987); Kamble & Pradhan, Fl. Akola Distr. 186 (1988); A.K.Sharma & Dhakre, Fl. Agra Distr. 227 (1995); Deshpande et. al., Fl. Mahabaleswar 487-488 (1995); Saxena & Brahmam, Fl. Orissa 3: 1484 (1995); Sinha et. al., Fl. Mizoram 350 (2012). **Fig. 4&14. C, Placa 2.**

Sinónimos homotípicos:

Horminum coccineum (Buc'hoz ex Etl.) Moench, Methodus: 377 (1794).

Sinónimos heterotípicos:

Salvia coccinea L.f., Suppl. Pl.: 88 (1782), *nom. illeg.*

Salviapseudococcinea Jacq., Collectanea 2: 302 (1789).

Salvia rosea Vahl, Enum. Pl. Obs. 1: 244 (1804).

Salvia ciliata Benth., Labiat. Gen. Spec.: 286 (1833), *nom. Illeg.*

Salvia glaucescens Pohl, Pl. Bras. Icon. Descr. 2: t. 192 (1833).

Salvia filamentosa Tausch, Flora 25: 282 (1842).

Salvia galeottii M.Martens, Bull. Acad. Roy. Sci. Bruxelles 11(2): 75 (1844).

Salvia mollissima M.Martens & Galeotti, Bull. Acad. Roy. Sci. Bruxelles 11(2): 71 (1844).

Salvia superba Vilm., Fl. Pleine Terre: 769 (1863).

Salvia coccinea var. *pseudococcinea* (Jacq.) A.Gray, Syn. Fl. N. Amer. 2(1): 368 (1886).

Salvia coccinea f. *pseudococcinea* (Jacq.) Voss, Vilm. Blumengartn. ed. 3, 1: 839 (1895).

Salvia coccinea var. *minima* Fernald, Proc. Amer. Acad. Arts 35: 551 (1900).

Ervas anuais ou bienais, erectas, até 1 m de altura. Caules erectos, sólidos, ramos quadrangulares, finamente pubescentes com pêlos verdes claros; entrenós com 46-48 mm. de comprimento, pêlos hirsutos, pluricelulares com cor verde clara. *Folhas* simples, membranosas, cordato-triangulares, 18-22 x 9-32 mm, ápice agudo, base emarginada, margem serrilhada-obtusamente serrilhada, pêlos estrigosos, 4-5 nervuras, venação reticulada com cheiro caraterístico; pecíolos com 3-4 mm de comprimento com pêlos estrigosos pluricelulares. *Inflorescências* em racemos terminais; 5-9 mm de comprimento, entre verticilos adjascentes, até 15 mm de comprimento; flores pediceladas, 6-8 flores; brácteas membranosas, sésseis, caducas, ovadas, 2-3 x 4-5 mm, ápice acuminado, base truncada, margem ciliada; pedicelos com 3-4 mm de comprimento, de cor castanha avermelhada, com 3-5 mm de comprimento nos frutos, pubescentes. *Cálice* campanulado, 7-8 x 3-4 mm, 8-9 x 4-5 mm nos frutos; lábio posterior elíptico-ovalado, 2-3 mm de comprimento, 1-lobado de cor verde-clara, ápice mucronado, margem ciliada, glabro com nervuras conspícuas no interior, pubescente no exterior; lábio anterior 2-lobado, peludo no exterior, mais ou menos glabro no interior de cor verde-clara. *Corola* vermelha brilhante até 25 mm de comprimento; tubo da corola 15-16 x 19-20 mm, pubescente no exterior; lábio posterior esparsamente pubescente no exterior, com 4-5 mm de diâmetro, mais curto do que o anterior, com 2 lóbulos, ápice arredondado; lábio anterior esparsamente pubescente no exterior, com 10-11 mm de diâmetro, com 4 lóbulos, dois maiores no meio e dois mais pequenos em ambos os lados. *Estames* 2, exsertos em comprimentos iguais para além do lábio posterior da corola, filamentos glabros, 14-15 mm de comprimento; conectivos com 4-5 mm de comprimento, braços iguais, delgados; epipétalos; anteras

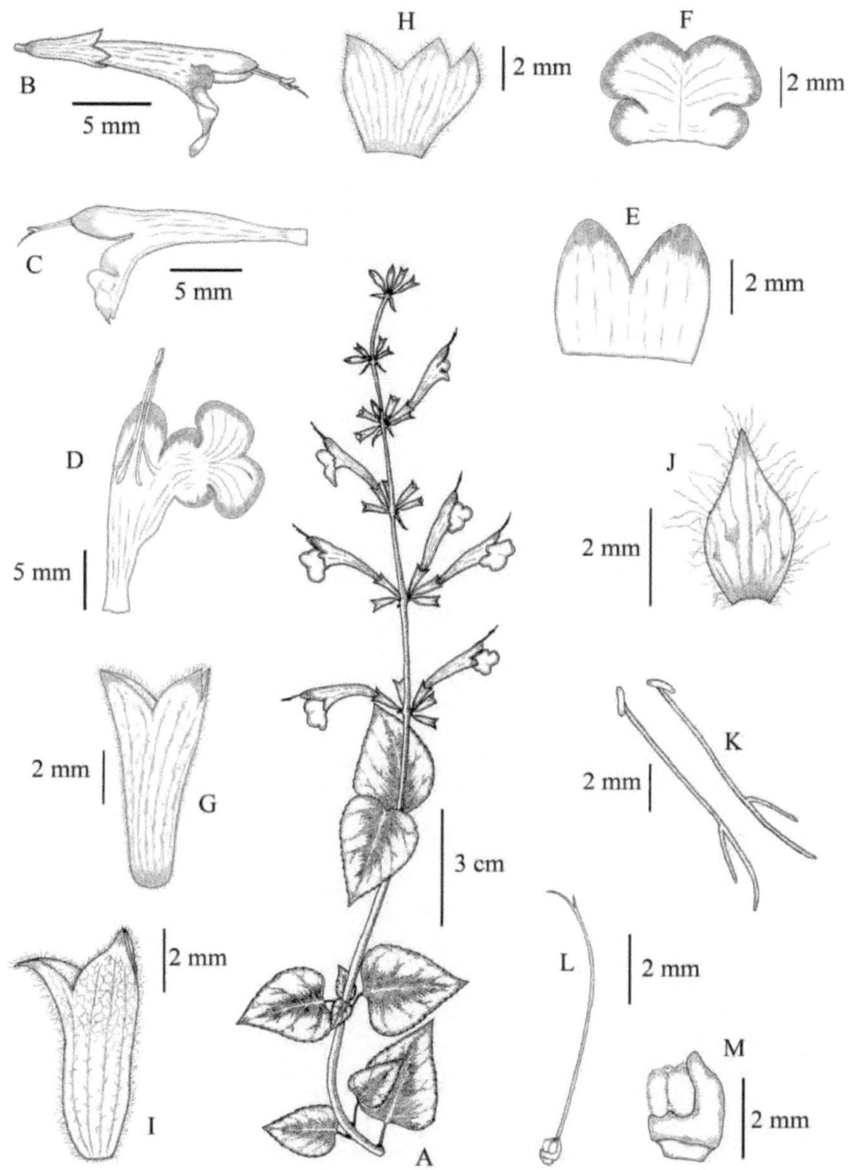

Fig. 4. *Salvia coccinea* Buc'hoz ex Etl. : **A.** Hábito; **B.** Flor única; **C.** Tubo da corola; **D.** Corola aberta; **E.** Lábio superior da corola; **F.** Lábio inferior da corola; **G.** Cálice florido; **H.** Cálice aberto; **I.** Cálice frutífero; **J.** Bráctea; **K.** Estames; **L.** Gineceu; **M.** Ovário

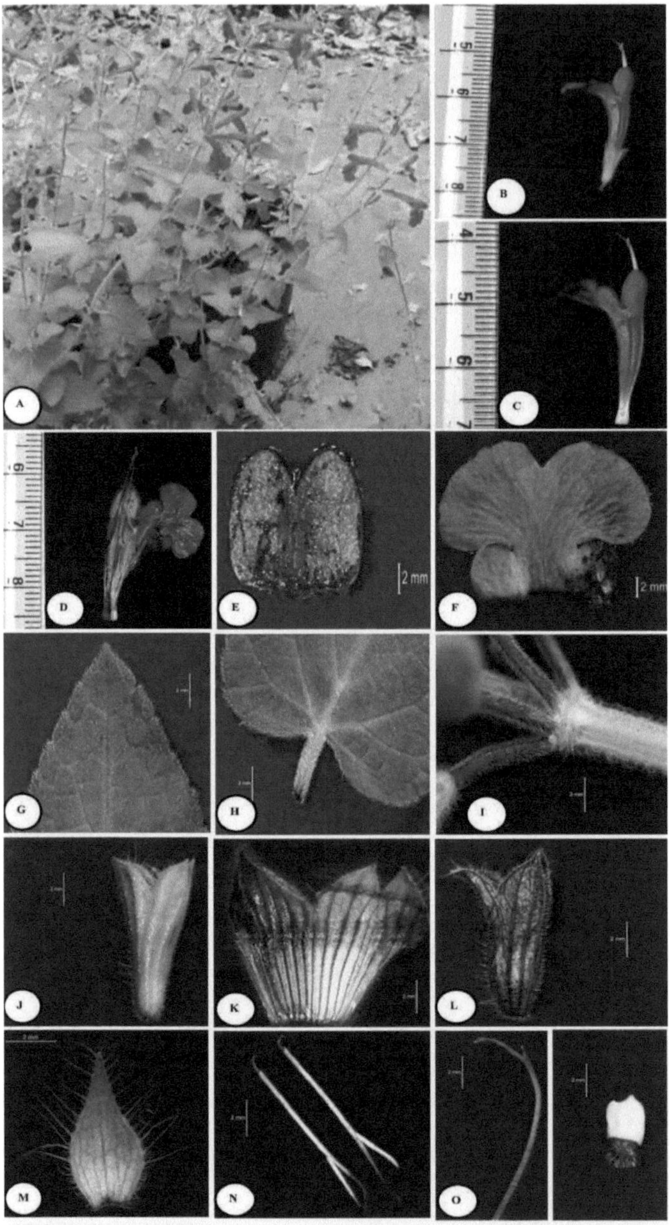

***Salvia coccinea*.: A.** Habit; **B.** Single Flower; **C.** Corolla; **D.** Corolla Opened; **E.** Corolla upper lip; **F.** Corolla lower lip; **G.** Leaf apex; **H.** Leaf base; **I.** Portion of stem; **J.** Flowering calyx; **K.** Calyx opened; **L.** Fruting calyx; **M.** Bract; **N.**Stamens ; **O.** Stigma; **P.** Ovary

monoteca com deiscência longitudinal e paralela ao filamento. *Estilete* delgado, glabro, bífido, heterostílico, com o lobo superior de 1-2 mm e o lobo inferior de 2-3 mm de comprimento. *Disco* com a face posterior aguda, ultrapassando o ovário. Frutos secos 4, acastanhados, 12 x 2-3 mm, ovóides, lisos, não produzindo mucilagem quando molhados.

Floração e frutificação: Durante todo o ano.

Habitat e Ecologia: Solos arenosos em matos, capoeiras.

Distribuição : SE. Na Índia, é encontrada em quase todos os estados. Esta planta é uma ornamental e é introduzida em muitas partes do mundo.

Espécime examinado: S. Coll., s.n. 2150 (K001115325); Patna, (K001115329); (K001115328); Sirmore, Gerard, P. 2150 (K001115324); Irrawaddi ripa, Wallich, N. 2151(K000846329); México, Harris, W. s.n. (K000247987); Malappuram distr,Thenhippalam, 03-06-2015, Rinshy 144501(CALI).

9. **Salvia dumetorum** Andrz. ex Besser, Enum. Pl.: 40 (1821); Hook.f., Fl. Brit. India 4: 655 (1885).

Sinónimos homotípicos:

Salviapratensis var. *dumetorum* (Andrz. ex Besser) Briq., Lab. Alp. Mar.: 530 (1895).

Sclarea dumetorum (Andrz. ex Besser) Sojàk, Cas. Nàr. Mus., Odd. Prir. 152: 22 (1983).

Sinónimo heterotípico:

Salvia stepposa Des.-Shost., Izv. Bot. Sada Akad. Nauk S.S.S.R. 30: 670 (1931 publ. 1932).

Arbustos perenes de grande porte. Caules de 1-3 pés, muito robustos, robustos, muito ramificados, hirsutos, tomentosos ou pubescentes, feltrados ou aveludados. *Folhas* ovadas ou oblongas, 3-4 x 1,5 - 2,5 in., em forma de coração, duplamente dentadas, um pouco enrugadas por cima, folhas florais pequenas, arredondadas ou cuspidadas com uma ponta dura e afiada de 1/6 in., Flores 1/2 - 2/3 in., longas, azuis em círculos distantes e pegajosos de 6 flores à volta de uma haste erecta. *Cálice* de floração ¼ pol., quase séssil, ovado, em forma de sino, com 2 lábios, lábio superior curvado para trás com 3 dentes convergentes, inferior abruptamente com 2 dentes. *Corola* de 1,5 a 2,5 cm, azul, tubo exserso, garganta insuflada.

Floração e frutificação: fevereiro - maio.

Habitat e Ecologia: Alpinas e jardins rochosos, regiões de sol pleno a sombra parcial, frequentemente cultivadas em jardins.

Distribuição: Caxemira, 6000 pés, Roménia até Altay.

10. Salvia glutinosa L. Sp. Pl.: 26 (1753); Benth, in DC. Prodr. 12: 276 (1848); Hook.f., Fl. Brit. India 6: 653 (1894); Collet, Fl. Sim. 394; Peter & Stibal in Sond. aus Fedd. Repert. 39: 183 (1936); Mukerjee, Rec. Bot. Surv. India 14: 113. (1940); G. Singh & Kachroo, Forest Fl. Srinagar 211 (1976).

Sinónimos homotípicos:

Sclarea glutinosa (L.) Mill., Gard. Dict. ed. 8:11 (1768).

Glutinaria glutinosa (L.) Raf., Fl. Tellur. 3: 93 (1837).

Drymosphace glutinosa (L.) Opiz, Seznam: 38 (1852).

Sinónimos heterotípicos:

Glutinaria acuminata Raf., Autik. Bot.: 122 (1840).

Ervas altas e robustas, com 60-100 cm de altura, viscamente peludas, com um odor forte. *Folhas* pecioladas, ovado-oblongas e mais ou menos prolongadas na base, raramente cordadas, ápice agudo ou subagudo, margem crenada, ambas as faces esparsamente pubescentes, glandulares; lâmina com 8-20 cm de comprimento, pecíolo com 3-8 cm ou mais. *Inflorescência* com poucas flores, distantes numa panícula grande e espalhada. *Cálice* com 12 mm de comprimento, tubular-campanulado; lábio superior inteiro, ovado, agudo. *Corola* amarela, 25-30 mm de comprimento; garganta dilatada; lábio superior falcado, espalhado. *Frutos secos com* 3 mm de comprimento, elíptico-ovais, lisos, comprimidos.

Floração e frutificação: julho - agosto.

Habitat e Ecologia: Jardim florestal; orla solarenga; sombra salpicada; cobertura do solo.

Distribuição: Da Europa ao Irão, Tibete, Na Índia, Punjab; Caxemira; Kumaon; Gharwal; Sikkim, Bhootan.

11. Salvia hians Royle ex Benth., Bot. Misc. 3: 373 (1833); Hook.f., Fl. Brit.

India 4: 653 (1885); Mukerjee, Rec. Bot. Surv. India 14: 115 (1940); Peter & Stibal in Sond. aus Fedd. Repert. 39: 177 (1936); G. singh & Kachroo, Forest Fl. Srinagar 211 (1976); Chowdhery & Wadhwa 2: 586 (1984). **Fig. D.**

Sinónimos heterotípicos:

Salvia macrophylla Tausch, Flora 25: 282 (1842), *nom. illeg.*

Salvia himalaica W.Thomps., Cat., Suppl.: 7 (1886).

Ervas robustas, com 30-100 cm de altura, viscamente peludas. *Folhas* muito grandes, com uma lâmina de cerca de 10-17 cm de comprimento e um pecíolo de 12-25 cm de comprimento; ovadas, hastadas ou cordadas na base, agudas no ápice, margem dentada. *Inflorescência* com flores laxas, distantes num racemo delgado, simples ou ramificado. *Cálice* larga e brevemente campanulado, com 12-15 mm de comprimento; lábio superior inteiro ou dentado. *Corola* azul, 40 mm. de comprimento, tubo muito inchado na garganta; lábios curtos, superiormente falcados, comprimidos; Corola anulada no interior acima da base. *Conectores* com uma célula imperfeita atrás. *Frutos secos de* 4 mm de comprimento, elíptico-obovados, comprimidos, lisos.

Floração e frutificação: setembro - outubro.

Habitat e Ecologia : bosques e encostas, climas frios e sombra parcial em zonas quentes.

Distribuição: Himalaias temperados ocidentais; Caxemira, alt. 8-11000 pés, Himachal Pradesh, Uttarakhand.

Espécime examinado: Falconer, H. s.n. (K000901003); Llama-Huambos (Peru), Lopez; Sagastegui, A. 5273 (K000479678).

12. **Salvia hydrangea** DC ex Benth., Labiat. Gen. Spec. 717 (1835); & in DC Prodr. 12: 271; Prain in Journ. As. Soc. Beng. LIX, 301; Mukerjee, Rec. Bot. Surv. India 14: 106. (1940). **Fig. 15. A.**

Sinónimos homotípicos:

Schraderia hydrangea (DC. ex Benth.) Pobed. em V.L.Komarov, Fl. URSS 21: 367 (1954).

Stiefia hydrangea (DC. ex Benth.) Sojàk, Cas. Nàr. Mus., Odd. Prir. 152: 22 (1983).

Sinónimos heterotípicos:

Salvia dracocephaloides Boiss., Diagn. Pl. Orient. 5: 4 (1844).

Salvia shielii Boiss. ex Hohen., Exsicc. (Pl. Pers. Bor.) 1842: n.° 377 (1845).

Schraderia dracocephaloides (Boiss.) Pobed. in V.L.Komarov, Fl. URSS 21: 368 (1954).

Schraderia shielii (Boiss. ex Hohen.) Pobed. in V.L.Komarov, Fl. URSS 21:367 (1954).

Arischrada dracocephaloides (Boiss.) Pobed., Novosti Sist. Vyssh. Rast. 9:247 (1972).

Plantas arbustivas, com 60-100 cm de altura, com caules erectos e simples, lenhosos por baixo, adpressos e com caruma. *Folhas* pouco pecioladas, com 5-8 cm de comprimento, pinadas; os segmentos laterais 3-4 de cada lado, oblongo-lanceolados ou lineares, mais pequenos do que o terminal elíptico-oblongo; margem dos folíolos inteira; ambas as superfícies hirsutas ou finamente pubescentes. *Inflorescência* 6-10 florida, distante; flores pouco pediceladas. *Cálice* rosa-rosado, com 20 mm de comprimento e boca muito larga, membranáceo, pouco piloso nas nervuras; lábio superior largo, rombo, sinuoso, emarginado; inferior 2-fid, lóbulos ovados, subagudos. Tubo *da corola* ligeiramente exserto, anulado no interior; lábio superior suberecto ou falcado. *Conectivo* com uma célula imperfeita atrás. *Frutos secos com* cerca de 3 mm de comprimento, subglobosos, lisos.

Floração e frutificação: abril - maio.

Habitat e Ecologia: Zonas com muito sol.

Distribuição : NE. Da Turquia ao Irão, Afeganistão, Pérsia, Baluchistão, W. Punjab.

Espécime examinado: Haussknecht, H.C. 698 (K000929811).

13. **Salvia leucantha** Cav., Icon. 1: 16 (1791); Hook.f., Bot. Mag. t. 4318 (1847); Chowdhery & Wadhwa, Fl. Himachal Pradesh 2: 587 (1984); Deb & Dutta, J. Econ. Taxon. Bot. 10(1): 49 (1987); Deshpande et. al., Fl. Mahabaleswar 488 (1995); Sinha et. al., Fl. Mizoram 351 (2012). **Fig. 5&6, Placa 3.**

Tipo: Pringle C.G., 8402 (Isótipo). (K imagem digital).

Sinónimos heterotípicos:

Salvia bicolor Sessé & Moc., Pl. Nov. Hisp.: 8 (1887), *nom.illeg.*

Salvia discolor Sessé & Moc., Fl. Mexicana: 7 (1892), *nom. illeg.*

Salvia leucantha f. *iobaphes* Fernald, Proc. Amer. Acad. Arts 36: 501(1901).

Subarbustos perenes arbustivos erectos até 50 cm de altura. Caules sólidos, quadrangulares, finamente pubescentes com pêlos lanosos verde-brancos claros; entrenós com 20-30 mm de comprimento, pêlos sericiosos de cor verde clara. *Folhas* simples, membranosas, estreitamente ovadas - lanceoladas, 31-62 x 6-14 mm, ápice agudo, base obtusa, margem serrilhada, pubescente com pêlos superiores hirsutos e inferiores sericiosos - brancos lanosos; venação reticulada com 9 nervuras laterais em ambos os lados da nervura mediana; pecíolos com 5-11 mm de comprimento, pubescentes com pêlos sericiosos, nervura mediana arroxeada em direção à base das folhas na face superior. *Inflorescência* terminal, simples, em forma de espiga; verticilos adjascentes separados com 9-11 mm de comprimento, até 30 cm de comprimento; flores pediceladas, 6 flores; brácteas membranosas, sésseis, caducas, hastadas, com 4-5 x 5-6 mm de comprimento, margens ciliadas com pêlos roxos, pedicelos com 4-5 mm de comprimento. *Cálice* campanulado, 9-10 x 4-5 mm na flor, 9-10 x 5-6 mm no fruto; labelo posterior 1-lobado, ápice acuminado, margem inteira e ciliada, glabro com nervuras conspícuas no interior, pubescente com pêlos lanosos verde-arroxeados no exterior; labelo anterior 2-lobado (±) de comprimento igual ao labelo posterior; tubo 8-9 nervurado, pubescente com pêlos branco-púrpura mais densos no tubo do cálice. *Corola* branco-púrpura, 21-22 mm de comprimento, 6-7 nervuras; lábio posterior com fina pubescência púrpura no ápice, branco na base, 1-lobado, 1-2 mm de comprimento, lóbulo arredondado no ápice; lábio anterior pubescente com pêlos púrpura, 3-lobado, 2-3 mm de comprimento, glabro no interior. *Estames* 2, inseridos no lábio inferior, epipétalos; filamentos curtos, de 2-3 mm de comprimento, anteras monotecas, de 2-3 mm de comprimento, de cor branco-amarelada; conectivo dorsifixo, articulado. *Estilete* bífido, com finos pêlos branco-púrpura no ápice; estigma com 2 lóbulos, fimbriado, heterostílico, lóbulo superior com 1-2 mm de comprimento e inferior com 3-4 mm de comprimento, com pêlos purpúreos na garganta dos lóbulos em ambos os lados. *Disco* branco-acastanhado, com 12 mm de comprimento, excedendo o ovário. *Frutos secos* 4, obovados, de 1-2 x 2-3 mm de comprimento, creme-acastanhados, lisos.

Floração e frutificação: setembro - novembro.

Habitat e Ecologia: Tufos de humidade média.

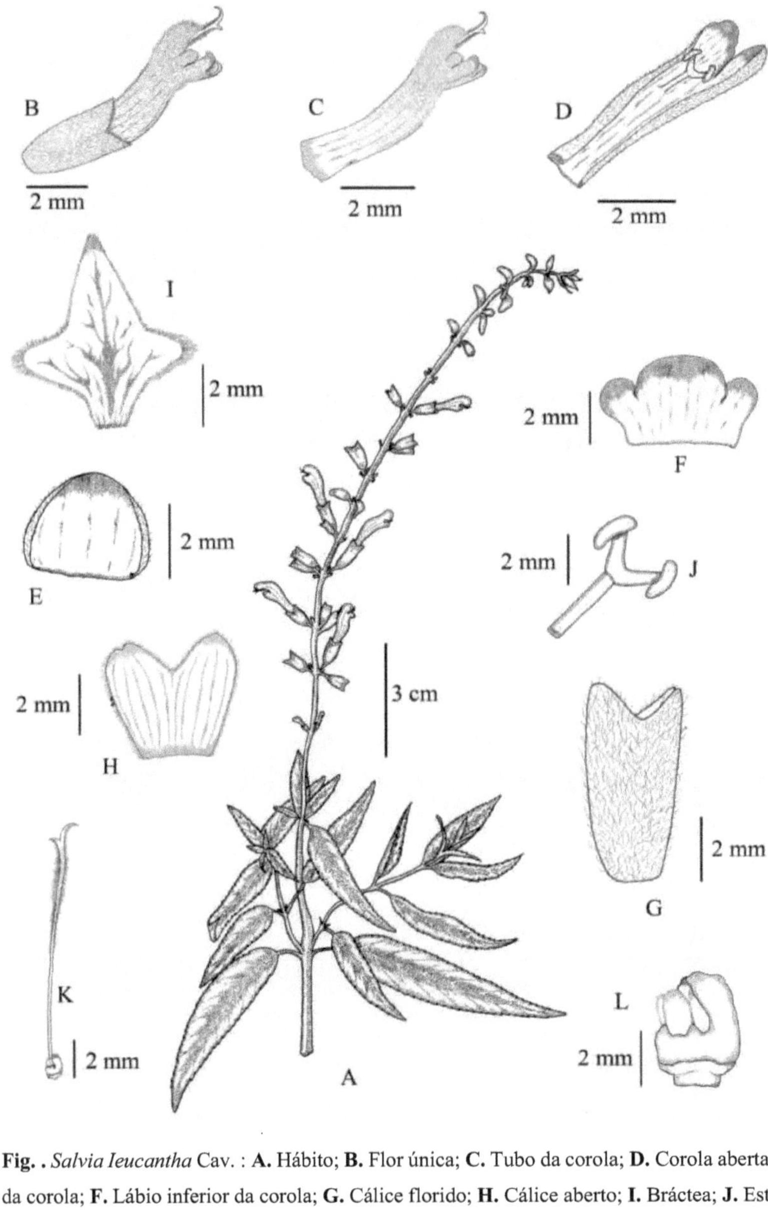

Fig. . *Salvia leucantha* Cav. : **A.** Hábito; **B.** Flor única; **C.** Tubo da corola; **D.** Corola aberta; **E.** Lábio superior da corola; **F.** Lábio inferior da corola; **G.** Cálice florido; **H.** Cálice aberto; **I.** Bráctea; **J.** Estames; **K.** Gineceu; **L.** Ovário

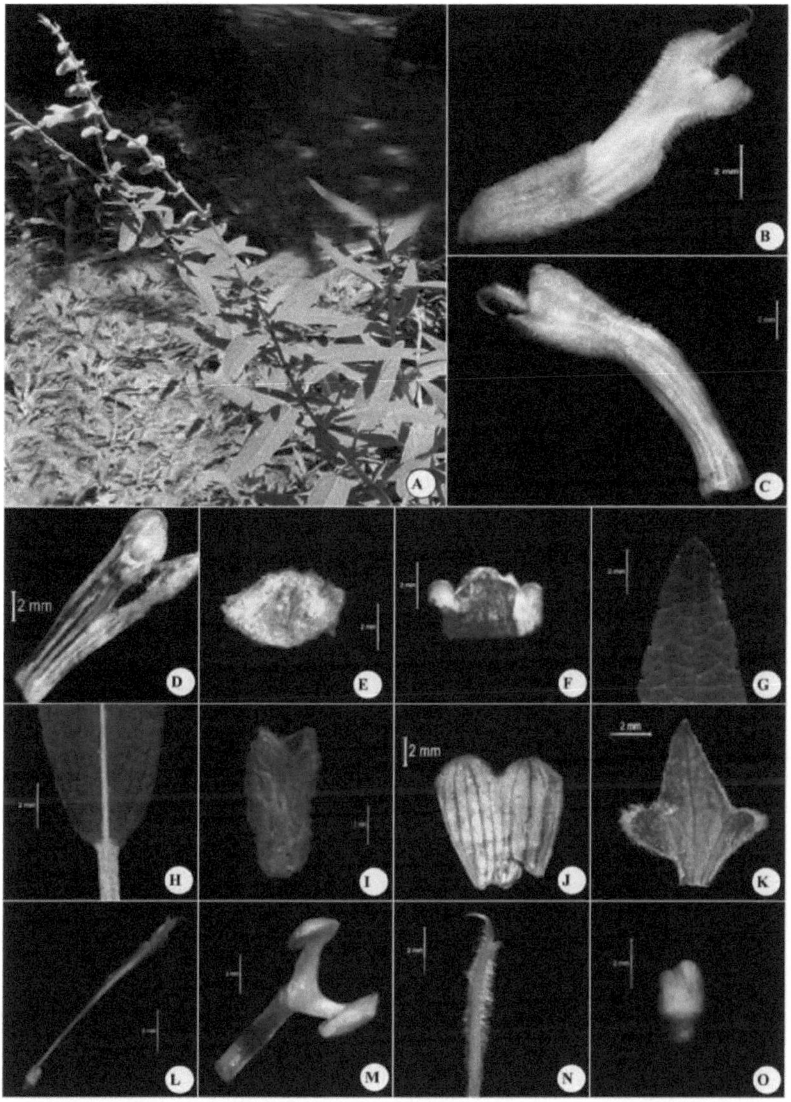

Salvia Ieucantha: \. Hábito; **B.** Flor única; **C.** Corola; **D.** Corola aberta; **E.** Lábio superior da corola;F. Lábio inferior da corola; **G.** Ápice da folha; **H.** Base da folha; **I.** Cálice florido; **J.** Cálice aberto; **K.** Bráctea; L. Gineceu; **M.** Estames; **N.** Estigma; **O.** Ovário.

Distribuição: México até à América Central, na Índia, Mizoram, Maharashtra, Himachal Pradesh e quase todos os estados. É muito cultivada como ornamental.

Espécime examinado: Morelos Nos cumes da Serra de Tapoxtlan (México), 14/10/1900,

Pringle, C.G 8402 (K000248117); distrito de Malappuram, Thenhippalam, 03/06/2015, Rinshy 144502(CALI).

14. **Salvia macrosiphon** Boiss., Diagn. Pl. Orient. 5: 11 (1844); Mukerjee, Rec. Bot. Surv. India 14: 109 (1940). **Fig. 15. B.**

Tipo : *Aucher-Eloy* ,5197 [holótipo!](K imagem digital).

Sinónimos heterotípicos:

Salvia kotschyi Boiss., Diagn. Pl. Orient. 7: 46 (1846).

Salvia macrosiphon var. *cabuhca* Benth. in A.L.P.P.de Candolle, Prodr. 12: 282 (1848).

Salvia macrosiphon var. *kotschyi* (Boiss.) Boiss., Fl. Orient. 4: 615 (1879).

Salvia macrosiphonia St.-Lag., Ann. Soc. Bot. Lyon 7: 134 (1880).

Salvia cuspidatissima Pau, Trab. Mus. Ci. Nat., Ser. Bot. 14: 33 (1918).

Salvia albifrons Nàbelek, Spisy Prir. Fak. Masarykovy Univ. 70: 49 (1926).

Salvia macrosiphon var. *brachycalycina* Bornm., Bot. Jahrb. Syst. 62: 238 (1934).

Salvia macrosiphon var. *glandulosissima* Bornm., Bot. Jahrb. Syst. 62:238 (1934).

Salvia nachiczevanica Pobed. in V.L.Komarov, Fl. URSS 21: 657 (1954).

Ervas delgadas com 40-65 cm de altura; ramos hirsutos. *Folhas* com 7-13 cm de comprimento, oblongas, obtusas, arredondadas na base, margem subentendida, rugosa e densamente hirsuta em ambas as superfícies; pecíolo com 2-5 cm de comprimento. *Inflorescência* distante, 2-4 flores; brácteas membranosas, ovadas, longamente acuminadas, mais curtas do que o cálice. *Cálice* com 20-25 mm de comprimento, tubular, dentes rectos lanceolados, agudos; o dente central do lábio superior é mais pequeno do que o lateral. *Corola* branca, de 30-35 mm de comprimento; tubo exserso; lábio superior suberecto. *Frutos secos* orbicular-ovais, subcomprimidos, verde-claros, brilhantes com reticulações escuras.

Floração e frutificação: abril - junho.

Habitat e Ecologia: zonas ensolaradas, bermas de estradas.

Distribuição: N. Iraque, Irão, Cáucaso, Afeganistão, Paquistão.

Espécime examinado: Erzeroum, Zorab, M. 558 (K000929742).

15. Salvia mekongenesis E. Peter, Ata Horti Gothob 9: 136 (1934); Mukerjee, Rec. Bot. Surv. India 14: 113 (1940); G.S Giri et. al., Fl. Arunachal Pradesh 296 (2008); Xi-wan Li & I.C. Hedge, Fl. China 17: 210 (2015).

Ervas perenes, com cerca de 25-60 cm de altura, ligeiramente vilosas e mais ou menos glabrescentes em baixo. *Folhas* alongadas-ovadas, com 3-8 cm de comprimento, cordadas ou hastadas na base, crenado-dentadas na margem, pontuadas glandularmente, pubérulas em cima, ligeiramente tomentosas ou glabrescentes em baixo; pecíolo ligeiramente viloso. *Inflorescência* com 2 flores, em racemos frouxos e ramificados; brácteas amplamente ovadas, cuneadas na base, pubescentes por baixo com pêlos longos. *Cálice* campanulado, com 12-15 mm de comprimento e quase a mesma largura; ciliado e com glândulas sésseis, exceto nos nervos, onde são pedunculados; lábio superior largo, ovado-subtruncado, ligeiramente tri-dentado; lábio inferior com 2 dentes, dentes deltóides, 3-4 mm de comprimento, mucronados. *Corola* amarela, 22-25 mm de comprimento, glandularmente pilosa; tubo curvo, piloso e anulado no interior; lábio inferior 3 lobado, minuciosamente ciliado. *Conectivos* dobrados em semicírculo, esparsamente pilosos; braços subiguais; anteras inferiores férteis, mais curtas do que as superiores, coerentes no ápice.

Floração e frutificação: março - agosto.

Habitat e Ecologia: Locais húmidos, prados montanhosos; 2800-4100 m.

Distribuição: Vale de Delei, N.Assam.

16. Salvia moorcroftiana Wall. ex Benth. in Wall, Pl. Asiat. Rar. 1: 67 (1830); Benth., Lab. Gen. et Sp. 228 (1835) & in DC. Prodr. 12: 286; Hook.f., Fl. Brit. India 4: 654 (1885); Collet, Fl. Sim. 394; Peter Stibal em Sond. aus Fedd. Repert. 39: 185 (1936); Mukerjee, Rec. Bot. Surv. India 14: 113 (1940); G. singh & Kachroo, Fl. Srinagar 211 (1976); Chowdhery & Wadhwa, Fl. Himachal Pradesh 2: 587 (1984).

Fig. 15. C, Placa 4.

Ervas altas e robustas, geralmente densamente lanosas. *Folhas* espessas, longas, pecioladas, oblongas ou ovadas, obtusas, raramente agudas, base arredondada ou cordada, margem lobulada, duplamente crenada ou fortemente dentada; superfície superior rugosa e pouco lanosa ou esparsamente pubescente, por vezes glabrescente; superfície inferior e pecíolo densamente cobertos de lã branca; pecíolo muito robusto, com 10-15 cm de comprimento ou muito mais. *Inflorescência* 6-10 flores, distantes numa longa espiga; brácteas ovadas, acuminadas. *Cálice* com 8 mm de comprimento na flor, 16 mm no fruto; campanulado, escabroso; dentes iguais espinhosos. Corola com 25 mm de comprimento, azul-clara ou lilás ou quase branca; tubo delgado, não anulado no interior; lábio superior estreito; lábio inferior trilobado, lóbulo médio maior. *Conectores* com pontas calosas deflectidas para trás; célula imperfeita abruptamente dilatada. *Frutos secos* subglobosos, verde-pálido com reticulações escuras.

Floração e frutificação : março - outubro.

Habitat e Ecologia : Zonas perturbadas e encostas abertas .

Plate : *Salvia moorcroftiana* Wall ex Benth.:**A.** Habit; **B.** Single Flower; **C.** Inflorescence

Distribuição: Do E. Afeganistão ao Nepal. Na Índia, encontra-se em Caxemira; Punjab.

Espécime examinado: Ladakh, Moorcroft, W. 2144 (K001115301); Ladakh, 1829, N. Wallich, 2144 (K000901006).

17. **Salvia nubicola** Wall. ex Sweet, British Flower Garden 2: 140 (1825)

1827); Hedge in Notes Roy. Bot. Gard. Edinb. 23: 205-208 (1961); Stewart, Ann. Cat. Vasc. Pl. W. Pak. & Kashm. 631 (1972); Hedge in Rect. f., Fl. Iran. 150: 467, t. 511; 58111(1982); Press em Hara et al., Enum., Fl. Pl. Nepal 3: 164 (1982). **Fig. 15. D.**

Sinónimos homotípicos:

Salvia glutinosa subsp. *nubicola* (Wall. ex Sweet) Murata in S.Kitamura, Res. Kyoto Univ. Sci. Exped. 8: 135 (1966).

Perene, herbácea. Caules erectos, robustos, quadrangulares, folhosos, 60100 cm, acima e abaixo com um denso indumento de pêlos glandulares e eglandulares. *Folhas* simples, 7-15 x 5-8 cm, regularmente triangular-ovadas; claramente hastadas-sagitadas na base, regularmente serrilhadas ou crenadas, pilosas abaixo com numerosos glóbulos de óleo sésseis; pecíolo até 10 cm nas folhas caulinares inferiores, menos acima. *Inflorescência* simples ou com poucos ramos, alongada; verticilos 2-6 flores, claramente distantes. Brácteas até 10 x 5 mm; bractéolas presentes; pedicelos com c. 3 mm de comprimento na flor e no fruto, ereto-espalhados. *Cálice* tubular-campanulado, c. 10-12 mm de comprimento, com um denso indumento de pêlos glandulares longos e curtos e numerosas glândulas sésseis; lábio superior quase não identificado. *Corola* amarela pálida com marcas acastanhadas proeminentes, especialmente no lábio inferior; tubo curvo, ± incluído no cálice ou um pouco afastado do mesmo, viloso no interior, escamado, invaginado; lábio superior claramente falcado; lábio inferior um pouco reflexo. *Frutos secos* ovóides, c. 3,5 x 2 mm.

Floração e frutificação: junho - outubro.

Habitat e Ecologia: Material cultivado, cresce perto de cursos de água, em matos e bordaduras de campos.

Distribuição : E. Afeganistão, Paquistão, Caxemira, N. Índia, Nepal, Tibete, Sikkim, Butão.

Espécime examinado: Kumaon, Blinkworth, R. 2146 (K001115310) (K001115309) (K001115306), Sermore(Himachal Pradesh), 1819, Gerard, P. 2146 (K000639607).

Salvia officinalis L., Sp. Pl.: 23 (1753); Gamble, Fl. Pres. Madras 1154 (1984); Sharma & Pandey, Fl. Allahabad distr. 101 (1984); Xi-wan Li & I.C. Hedge, Fl. China 17: 211 (2015). **Fig. 7, Placa 5.**

Tipo: Nicholson G., 1586 (Neótipo) (K imagem digital!)

Ervas perenes. Caules erectos, lenhosos na base, minuciosamente tomentosos de cor branca, muito ramificados; pecíolo 0-3 cm. *Folhas* oblongas a elípticas ou ovadas, 1-8 × 0,6-3,5 cm, papeleiras, finamente onduladas, minuciosamente tomentosas de branco, base arredondada ou subtruncada, margem crenulada, ápice agudo a mucronado, raramente agudo.

Inflorescência 2-18 flores, em racemos terminais de 4-18 cm; brácteas superiores amplamente ovadas, ápice acuminado; pedicelo ca. 3 mm. *Cálice* campanulado, 1-1,1 cm na flor, dilatado até 1,5 cm no fruto, minuciosamente tomentoso nas nervuras e na margem, esparsamente glandular amarelo-dourado, ± tingido de púrpura, com 2 lábios até cerca de 1/2 do seu comprimento; lábio superior com 3 dentes pouco profundos, dentes subulados; dentes inferiores triangulares, ápice acuminado. *Corola* púrpura ou azul, 1,8-1,9 cm, minuciosamente tomentosa; tubo imperfeitamente piloso, anulado no interior, direito, ca. 9 mm; lábio superior direito, obovoide, ca. 6 × 5,5 mm; lábio inferior ca. 1 × 1 cm. Filamentos ca. 5 mm; conectivos ca. 3 mm, braços iguais. *Frutos* secos castanho-escuros, subglobosos, com cerca de 2,5 mm de diâmetro.

Floração e frutificação : abril - junho.

Habitat e Ecologia : Ornamental cultivada.

Distribuição : SW. Alemanha até S. Europa. Na Índia, encontra-se em Himachal Pradesh.

Salvia officinalis .:**A.** Habit; **B.** Flowering twig; **C.** Fruiting twig.

Espécime examinado: Arboretum, Royal Botanical Gardens, Kew, 6-6-1880 Nicholson, G. 1586 (K000929959).

Salvia plebeia R.Br., Prodr. Fl. Nov. Holl.: 501 (1810); Hook.f., Fl. Brit. India 4: 655 (1885); Prain Beng. Pl. 859; Peter-Stibal in Sond. aus Fedd. Repert. 39: 181(1936); Mukerjee, Rec. Bot. Surv. India 14: 111 (1940); J.K. Maheswari, Fl. Delhi 289 (1963); Cooke, Fl. Pres. Bombay 2: 557-558 (1967); H. Santappu, Fl. Khandala 219 (1967); N.C. Nair, Fl. Punjab plain 216 (1978); V. Singh, Fl. Banswara 194 (1983); Chowdhery & Wadhwa, Fl. Himachal Pradesh 2: 587 (1984); Naithani, Fl Chamoli 2: 519 (1985); Verma et. al., Fl. Raipur, Durg e Rajnandgaon 309 (1985); P.C Pant, Fl. Corbett National Park (1986); Sheshagiri Rao, Fl. Goa, Diu, Dadra & Nagar haveli 2: 351 (1986); Sharma et al., Fl. Semi-arid Punjab 88 (1987); Kamble & Pradhan, Fl. Akola Distr. 186 (1988); Misra & Verma, Fl. Allahabad Distr. 304 (1989); B.V Shetty & V.Singh, Fl. Rajastan 2: 707 (1991); B.D. Sharma & P. Lakshmin, Fl. Nasik Distr. 398 (1991); M.J. Kothari & S. Moorthi, Fl. Raigad Distr. 324 (1993); S. Karthikeyan & Anand kumar, Fl. Yavatmal Distr. 207 (1993); A.K. Sharma & Dhakre, Fl. Agra Distr. 227 (1995); Saxena & Brahmam, Fl. Orissa 3: 1483 (1995); Sandhya d. et. al., Fl. Mahabaleswar 487 (1995); T. Pullai et. al., Fl. Medak Distr. 189 (1998); N.D. Paria & Chattopadhyay 2: 709-710 (2005); S.G. Pradhan et. al., Fl. Sanjay Gandhi National park 516 (2005). **Fig. 16. A.**

Sinónimos heterotípicos:

Ocimum virgatum Thunb. in J.A.Murray, Syst. Nat. ed. 14: 546 (1784).

Salvia brachiata Roxb., Fl. Ind. 1: 146 (1820).

Ocimum fastigiatum Roth, Nov. Pl. Sp.: 277 (1821).

Lumnitzera fastigiata (Roth) Spreng., Syst. Veg. 2: 687 (1825).

Salvia minutflora Bunge, Enum. Pl. China Bor.: 50 (1833).

Mosla virgata (Thunb.) Tanaka, Bull. Sci. Hort. Inst. Kyushu Imp. Univ. 1: 204 (1925).

Salviaplebeia var. *latifolia* E.Peter, Ata Horti Gothob. 9: 141 (1934).

Pequenas plantas anuais, erectas, de 15-45 cm de altura, caule sufruticoso, fastigiadamente ramificado, obtusamente 4-angulado e estriado. *Folhas* oblongo-lanceoladas, ovadas, crenadas, base estreita, esparsamente peludas ou glabras. *Inflorescência* em panículas de racemos espiculados delgados; brácteas pequenas, estreitas. *Cálice* frutífero de 3 mm; lábio superior inteiro obtuso, mais curto que o inferior, reflexo; lábio inferior obtusamente dentado. *Corola* branca ou lilás, com 5 mm de comprimento, tubo exserso, anulado no interior; lábio superior oblongo-obtuso; inferior com 3 lóbulos, o do meio maior. *Estames* muito pequenos, esbranquiçados; conectivos distantes na frente, agudos ou com uma antera vazia. *Frutos* secos minúsculos, ovóides, castanhos, mucilaginosos quando molhados.

Floração e frutificação : dezembro - abril.

Habitat e Ecologia : Ornamental, também se encontra em terrenos baldios e em canteiros.

Distribuição: do Irão ao Extremo Oriente russo e ao Norte da Austrália, China e Afeganistão. Na Índia, é encontrada em todas as planícies e até 1700 m nas colinas.

Espécime examinado: Bunge, A.A s.n (K000929859); Paterson's river(Austrália), 1802, Brown, R. 2393 (K000929899); Serampore, 1845, Griffith, W. s.n (K000901018); Nagasaki, 5/1862, Oldham, R. 657 (K000929855); China, S.Coll, s.n (K000929860); Nepal, 1829, N. Wallich, 2149 (K000901019); Austrália, 10/1804, Brown, R. 4166 (K000929900); Índia Oriental, Roxburgh. s.n (K000901017); Pedjatrae, Jacquemont, V.V. 116 (K000929858).

18. **Salvia plectranthoides** Griff., Not. Pl. Asiat. 4: 199 (1854); Hook.f., Fl.

Brit. India 4: 655 (1885); Peter-Stibal in Sond. Fedd. Repert. 39: 186 (1936); Mukerjee, Rec. Bot. Surv. India 14: 106 (1940). **Fig. 8.**

Tipo: Clark, 8947(K imagem digital!).

Sinónimos heterotípicos:

Salvia japonica var. *parvifoliola* Hemsl., J. Linn. Soc., Bot. 26: 285 (1890).

Salvia japonica var. *gracillima* Diels, Bot. Jahrb. Syst. 29: 558 (1900).

Salvia japonica var. *kaiscianensis* Pamp., Nuovo Giorn. Bot. Ital., n.s., 17:709 (1910).

Salvia tuberifera H.Lév., Repert. Spec. Nov. Regni Veg. 8: 421 (1910).

Ervas com caules e porta-enxertos delgados, com cerca de 50 cm de altura, esparsamente peludas. *Folhas* maioritariamente radicais, membranosas, com 7-15 cm de comprimento, pinadas; segmentos laterais 2-5 pares, ovado-lanceolados, sésseis ou quase; segmento terminal com 5-8 cm de comprimento, ovado ou oblongo-cordado; margem dos folíolos crenada ou serrilhada. *Inflorescência* pouco florida, em espigas simples e esplêndidas. *Cálice* pedicelular, nodoso, com pêlos glandulares; lábio superior inteiro, inferior com dois dentes. *Corola* cor de carne, tubo peludo, exserto, anulado no interior; lábio superior inteiro, curvo, lábio inferior com um lóbulo médio orbicular dentado e lóbulos laterais mais pequenos e erectos. *Estames* coerentes por braços abaixo; conectivos recurvados.

Floração e frutificação : maio - agosto.

Habitat e Ecologia : Encostas, margens de riachos em vales, florestas esparsas; 8002500m.

Distribuição: Do Himalaia à China.

Espécime examinado: Butão - Sikkim, Griffith 2374 (K000901016).

19. **Salvia rhytidea** Benth. in DC., Prodr. 12: 280 (1848); Boiss. Fl. Orien. 4: 640 (1879); Mukerjee, Rec. Bot. Surv. India 14: 110 (1940). **Fig. 9.**

Tipo: *Griffith,* 474 (holótipo) (K imagem digital!).

Sinónimos heterotípicos:

Salvia lalesarica Rech.f., Oesterr. Bot. Z. 99: 58 (1952).

Salvia edelbergii Rech.f., Biol. Skr. 8(1): 63 (1955).

Salvia polychroma Rech.f. & Edelb., Biol. Skr. 8(1): 66 (1955).

Salvia polyclada Rech.f., Biol. Skr. 8(1): 69 (1955).

Ervas altas, fracamente tomentosas ou pubescentes, viscosas para cima. *Folhas* pecioladas, triangulares-ovais, obtusas ou agudas, cordadas ou sub-hastadas na base, irregularmente dentadas na margem; superfície superior rugosa e glabrescente, tomentosa e escura por baixo; lâmina com 8-16 cm de comprimento; pecíolo com 6-7 cm de comprimento, nas folhas inferiores muito mais curto para cima. *Inflorescência* 2-6 flores, em racemos frouxos, simples ou paniculados; brácteas sésseis, largamente ovadas e acuminadas. *Cálice* campanulado com 7-10 mm de comprimento, hirsuto; lábio superior com 3 dentes curtos, lábio inferior com 2 dentes aristados, ligeiramente mais comprido do que o superior. *Corola com* 20-22 mm de comprimento, glandular e pubescente; tubo curto, não anulado no interior; lábio superior côncavo e curvo, muito mais comprido do que o lábio inferior trilobado. *Frutos secos* ovados, comprimidos, castanhos, marcados com reticulações.

Floração e frutificação : abril - maio.

Habitat e Ecologia : encostas com pastoreio excessivo.

Distribuição : Do Irão ao Afeganistão.

Espécime examinado: Oonye, Griffith, W. s.n. (K000929727); Afeganistão, Griffith. W, 471 (K000929729).

20. **Salvia roborowskii** Maxim., Bull. Acad. Imp. Sci. S-P, Ser. 3,27: 527 (1882); Stiba in Ata . Hort. Gothoburg. 9: 138 (1934); Peter-Stibal in Sond. Fedd. Repert., 39: 181(1936); Mukerjee, Rec. Bot. Surv. India 14: 112 (1940); Xi-wan Li & I.C. Hedge, Fl. China 17: 217 (2015). **Fig. 16. B.**

Ervas erectas, com 20-60 cm de altura, hirsutas e viscosas. *Folhas* maioritariamente caulinares, pecioladas, triangular-ovais, agudas, crenadas, truncadas ou raramente cordadas na base, pubescentes na superfície superior e nas nervuras inferiores; lâmina com 3-7 cm de comprimento; pecíolo com 1-5 cm, raramente com cerca de 8 cm de comprimento nas nervuras inferiores. *Inflorescência* com 6 flores, distante em racemos terminais ou axilares, simples ou ramificados; brácteas lanceoladas ou oblongas, densamente pubescentes. *Cálice* campanulado, com 8 mm de comprimento, densamente piloso e glandular; lábio superior com 3 dentes minúsculos no ápice, lábio inferior com 2 dentes triangulares largos; cálice frutífero com 10-12 mm de comprimento. *Corola* de cor amarela pálida, pilosa, com 15 mm de comprimento; tubo estreito, ligeiramente exserso; lábio superior encapuzado, pouco emarginado; lábio inferior trilobado, lobo mediano ovoide, emarginado. *Estames* coerentes pelos braços inferiores; anteras inferiores férteis. *Frutos secos* obovóides, comprimidos, amarelo-pálido, com pontuações escuras.

Floração e frutificação: junho - outubro.

Habitat e Ecologia: Prados, encostas, sopés, margens de ribeiras húmidas; 25003700 m.

Distribuição: Dos Himalaias à China.

Espécime examinado: Regio Tangut, 1880, Przewalski, s.n. (K000929854).

21. **Salvia santolinaefolia** Boiss., Diagn. Pl. Orient. 5: 13 (1844); Hook.f., Fl.

Brit. India 4: 656 (1885); Peter-Stibal in Sond. Fedd. Repert. 39: 182 (1936); Mukerjee, Rec. Bot. Surv. India 14: 108 (1940); J.K.

Maheswari, Fl. Delhi 288 (1963); N.C. Nair, Fl. Punjab plains 21: 216 (1978); M.M. Bhandari, Fl. Indian Desert 284 (1978); Chowdhery & Wadhwa, Fl. Himachal Pradesh 2: 588 (1984); B.V. Shetty & V. Singh, Fl. Rajastan 2: 707 (1991).

Tipo: *Aucher-Eloy,* 5214(K imagem digital!).

Arbusto anão, com numerosos ramos, de folha caduca. *Folhas* muito pequenas, rígidas e rugosas, subsésseis ou pouco pecioladas, lineares, com lóbulos pectinados; lóbulos arredondados, margem revoluta. *Inflorescências* com 2-3 flores, geralmente distantes em espigas muito finas; brácteas persistentes, elípticas, agudas. *Cálice* híspido, com longos pêlos geralmente brancos, sem ponta de glândula; tubo campanulado; lábio superior com 3 dentes; inferior com 2 dentes; dentes iguais, agudos. *Corola* com cerca de 5 mm de comprimento, não anulada no interior. *Conectores* distantes na frente.

Floração e frutificação: fevereiro - maio.

Habitat e Ecologia: planícies arenosas, encostas rochosas, wadis, encostas de xisto, bermas de estradas e em campos cultivados.

Distribuição: Do Irão ao Paquistão, Afeganistão; Pérsia. Na Índia, Punjab, Sind, Baluchistão.

Espécime examinado: Irão, República Islâmica do Ad (Sin.) Persicum, Aucher-Eloy, P.M.R., 5214 (K000929790).

22. **Salvia saxicola** Wall. ex Benth. Em Wall, Pl. Asiat. Rar. 1: 68 (1830); Hook.f., Fl. Brit. India. 4: 656 (1885); Peter-Stibal in Sond. aus Fedd. Repert. 39: 186 (1936); Mukerjee, Rec. Bot. Surv. India 14: 111 (1940). **Fig. 16. C.**

Ervas anãs, subescapiformes, com porta-enxertos lenhosos. *Folhas* maioritariamente radicais, com uma lâmina largamente oblongo-cordada ou arredondada, com 2,5-5 cm de diâmetro e um pecíolo delgado com o dobro do comprimento da lâmina; margem da folha grosseiramente crenada. *Inflorescência* com flores geralmente distantes, raramente amontoadas num racemo delgado com um pedúnculo longo. *Cálice* 4 mm na flor, 6 mm no fruto, peludo glandular, dobrado para baixo. *Corola* com 10-11 mm de comprimento, púrpura clara, lábios curtos. *Conectores* com os braços anteríferos decurvados, os outros mais curtos, agudos. *Frutos* pequenos, elipsóides.

Floração e frutificação: julho - agosto.

Habitat e Ecologia: Áreas abertas, bermas de estradas.

Distribuição: Do Nepal a Assam.

Espécime examinado: Nepal, 1821, N. Wallich, 2147 (K001115311).

23. **Salvia schizocalyx** E.Peter, Ata Horti Gothob 9: 123 (1934); Mukerjee, Rec. Bot. Surv. India 14: 116 (1940); Xi-wan Li & I.C. Hedge, Fl. China 17: 204 (2015).

Ervas perenes, com 20-35 cm de altura, ramificadas na base; caules erectos ascendentes densamente cobertos de pêlos curtos amarelados. *Folhas* escassas, caulinares, triangular-ovais, obtusas ou arredondadas no ápice, irregularmente crenadas, cordadas ou sub-hastadas na base, esparsamente peludas em ambos os lados, densamente nas nervuras por baixo, glandular-punctadas por cima; lâmina com 2-5 cm de comprimento e a mesma largura;

pecíolo com cerca de 5-7 cm de comprimento nas folhas intermédias, mais curto nos casos das folhas superiores ou inferiores. *Inflorescência* com 2-4 flores, próximas ou distantes em racemos simples; brácteas tão longas como o cálice, amplamente ovadas ou romboides; pedicelos com 2-4 mm de comprimento; toda a inflorescência densamente vilosa com pêlos castanho-ferruginosos. *Cálice* amplamente campanulado, com dentes ovado-lanceolados de 10-12 mm de comprimento. *Corola* púrpura ou violeta, 20-25 mm de comprimento, minuciosamente pilosa, tubo não anulado no interior. *Conectores* semicirculares curvados, braço inferior ligeiramente mais curto do que o superior; antera inferior fértil, coerente no ápice.

Floração e frutificação: julho - agosto.

Habitat e Ecologia: Colinas; ca. 4000 m.

Distribuição: China (Yunnan), N. Myanmar, Birmânia.

24. **Salvia sclarea** L., Sp. Pl.: 27 (1753); Benth. in DC., Prodr. 12: 281 (1848); Hedge in Rech. f., Fl. Iran. 150: 450, t. 491 (1982); Machmedov in Vvedensky, Conspect. Fl. As. Med. 9: 147 (1987). **Fig. 16. D, Placa 6.**

Sinónimos homotípicos:

Sclarea vulgaris Mill., Gard. Diet. ed. 8: n.° 1 (1768).

Aethiopis sclarea (L.) Fourr., Ann. Soc. Linn. Lyon, n.s., 17: 134 (1869).

Sinónimos heterotípicos:

Salvia haematodes Scop., Fl. Carniol., ed. 2, 1: 29 (1771), *nom. illeg.*

Salvia coarctata Vahl, Enum. Pl. Obs. 1: 253 (1804).

Salvia simsiana Schult., Mant. 1: 210 (1822).

Salvia calostachya Gand., Fl. Lyon: 171 (1875).

Salvia sclarea var. *calostachya* (Gand.) Nyman, Consp. Fl. Eur.: 569 (1881).

Salvia turkestanica Noter, Rev. Hort. (Paris) 77: 502 (1905).

Salvia sclarea var. *turkestanica* (Noter) Mottet, Rev. Hort. (Paris) 79: 135 (1907).

Salvia lucana Cavara & Grande, Bull. Orto Bot. Regia Univ. Napoli 3: 436 (1913).

Salviapamirica Gand., Bull. Soc. Bot. França 60: 26 (1913).

Salvia altilabrosa Pan, Trab. Mus. Ci. Nat., Ser. Bot. 14: 33 (1918).

Bienal ou perene de vida curta. Caules espessos, robustos, quadrangulares, com um indumento ± denso abaixo de longos pêlos eglandulares brancos e glandulares na região da inflorescência. *Folhas* amplamente ovadas a ovado-oblongas, c. 10-20 x 5-10 cm, rugosas, serrilhadas, agudas, arredondadas ou cordadas na base, pubescentes a quase lanadas; pecíolo 4-10 cm. *Inflorescência* paniculada, vistosa de numerosos verticilos distantes com 6-10 flores. Brácteas ou folhas florais grandes, verdes, brancas ou cor-de-rosa, membranosas, cuspidadas, tão longas ou mais longas do que as flores. Pedicelos de 23 mm, erectos e espalhados. *Cálice* ovado-campanulado, c. 10 mm na flor, alongando-se até c. 13 mm no fruto, com pêlos glandulares e eglandulares e glândulas sésseis; lábio superior com 3 dentes espinulosos; lábio inferior com 2 dentes espinulosos ovais estreitos. *Corola* branca, lilás ou creme, 20-30 mm; lábio superior falcado; tubo com cerca de 10 mm de comprimento, ventricoso, escamado. *Estames* com um conectivo alongado e uma teca inferior dolabriforme estéril. *Frutos secos* 4, c. 3 x 2 mm, ± globosos, pouco trigonados, arredondados, castanho-claro com nervuras mais escuras.

Floração e frutificação: julho - setembro.

Salvia sclarea L. :**A.** Hábito; **B.** Inflorescência

Habitat e Ecologia: Locais frescos e à sombra.

Distribuição: S. Europa, região mediterrânica, Sudoeste e C. da Ásia; também registada no Nepal.

Espécime examinado: Jabal Lubnan El Metn Baita em estepes de cotta arenaces, 5-61932, Samuelsson, G. 2078 (K000315821).

25. **Salvia sikkimensis** E.Peter, Repert., Spec. Nov. Regni Veg. 39: 177 (1936); Mukerjee, Rec. Bot. Surv. India 14: 111 (1940); Xi-wan Li & I.C. Hedge, Fl. China 17: 206 (2015). **Fig. 10.**

Tipo: Hooker J.D, s.n [parátipo] (K imagem digital!).

Sinónimos heterotípicos:

Salvia sikkimensis var. *chaenocalyx* E.Peter, Repert. Spec. Nov. Regni Veg. 39: 178 (1936).

Ervas perenes, de 20-60 cm de altura, com 1-2 caules simples, erectos ou ascendentes a partir de um porta-enxerto longo e robusto com várias folhas triangulares escamosas; todas as partes são suavemente peludas. *Folhas* numerosas, com pecíolos longos, triangulares-ovais ou amplamente lanceoladas, cordadas ou sub-hastadas na base, agudas-obtusas no ápice, margem crenada; lâmina com 2-12 cm de comprimento; pecíolo mais ou menos duas vezes mais longo que a lâmina; folhas caulinares poucas com pecíolo mais curto. *Inflorescências* com 2-6 flores, muito distantes ou próximas, em racemos com 15-25 cm de comprimento, geralmente simples ou com 2 ramos curtos na base; eixo densamente coberto de pêlos glandulares acastanhados; brácteas ovadas, agudas, densamente glandulares pilosas. *Cálice* campanulado ou mais ou menos desigualmente bilabiado, densamente piloso, 10-15 mm; lábio superior ovado, triangular, agudo, pouco mucronado. *Corola* com 20-25 mm de comprimento, amarela ou púrpura, tubo estreito ou cilíndrico na base, gradualmente alargado para cima, anulado no interior; lábio superior estendido, ligeiramente comprimido, emarginado, piloso; lábio inferior trilobado, pouco ciliado; lobo médio maior, algo trapeziforme, suavemente emarginado; lobos laterais ovados. *Conectores* curvados em semicírculo; filamentos pouco dilatados, peludos ou glabros no ponto de inserção.

Floração e frutificação: agosto - setembro.

Habitat e Ecologia: Florestas, margens de florestas, encostas, margens de ribeiras; ca. 3300 m.

Distribuição: Do C. e E. dos Himalaias ao Tibete. Na Índia, Sikkim, Butão.

Espécime examinado: Vale a leste de jangu, 4-7-1903, Younghusband, F.E s.n (K000901025).

26. **Salvia spinosa** L., Mant. Pl. 2: 511 (1771); Benth. in DC. Prodr. 12: 28;

26.1, Fl. Oriens. 613 (1879); Mukerjee, Rec. Bot. Surv. India 14: 116 (1940).

Sinónimos homotípicos:

Sclarea spinosa (L.) Raf., Fl. Tellur. 3: 94 (1837).

Ervas com um caule curto e robusto, viloso. *Folhas* com 10-18 cm de comprimento, ovadas, agudas, arredondadas ou cordiformes na base, com margem crenada ou incisa ou irregularmente lobada; rugosas e glabrescentes em cima, tomentosas acinzentadas e pontuadas por baixo; pecíolo das folhas radicais com 4-7 cm de comprimento, viloso; folhas caulinares sésseis. *Inflorescência* 6-10 flores, distantes em panícula extensa, com 14-20 cm de comprimento; brácteas sésseis, amplamente ovadas, acuminadas, com cerca de 15 mm de comprimento, esparsamente pilosas, margem inteira. *Cálice* tubular, viscamente piloso, com 13-17 mm de comprimento; dentes acuminados e espinhosos. *Corola* branca, de 20-22 mm de comprimento; tubo delgado e exserso; lábio superior falcado, comprimido; lábio inferior trilobado. *Frutos secos* achatados, pálidos com marcas reticuladas.

Floração e frutificação: fevereiro - maio.

Habitat e Ecologia: Mancha arenosa em deserto pedregoso calcário. Alt 500-600m., precipitação média anual de cerca de 90 mm.

Distribuição: N. África a NW. Afeganistão, na Índia, vale do Kurrum.

Espécime examinado: Al balqa Azraq, 16-4-1963, Gillett, J.B, 15621 (K000318309); Sahel Nebic; campos de pousio, 21-6-1943, Davis, P.H. 6509n (K000315823); Irão, República Islâmica de Ecbatanensi, Pichler, T. s.n. (K000929735); República Árabe Síria, 5-5-1933, Samuelsson, G. 4309 (K000315822).

27. **Salvia splendens** Sellow ex schult., Mant. 1: 185 (1822); H.Santappu, Fl.

Khandala 16: 220 (1967); Sharma & Pandey, Fl. Allahabad Distr. 101 (1984); Xi-wan Li & I.C. Hedge, Fl. China 17: 217 (2015). **Fig. 11&12, Placa 7.**

Tipo: Sellow, 528(K imagem digital!).

Sinónimos homotípicos:

Fenixanthes splendens (Sellow ex Schult.) Raf., Autik. Bot.: 122 (1840).

Jungia splendens (Sellow ex Schult.) Sojàk, Cas. Nàr. Mus., Odd. Prir. 152: 21 (1983).

Sinónimos heterotípicos:

Salvia brasiliensis Spreng., Syst. Veg. 1: 56 (1824).

Salvia colorans Benth., Labiat. Gen. Spec.: 287 (1833), *nom. inval.*

Salvia issanchou auct., Rev. Hort. (Paris) 62: 229 (1890).

Ervas que crescem até 1 m de altura. Caules sólidos, quadrangulares, puberulentos com pêlos curtos verdes claros; entrenós puberulentos, 25-27 mm de comprimento com pêlos verdes claros. *Folhas* simples, opostas decussadas, amplamente ovadas, 22-38 x 25-34 mm de comprimento, ápice agudo-acuminado, base emarginada, margem serrilhada, pêlos pubérulos restritos às nervuras e margens com cor verde clara; venação reticulada, 6-7 nervuras laterais em ambos os lados da nervura central; pecíolo com 14-24 mm de comprimento, cor púrpura nos nós e na parte superior do pecíolo, puberulento em todo o pecíolo. *Inflorescência* em racemo terminal, 159 -162 mm de comprimento, com pêlos hirsutos em todo o comprimento

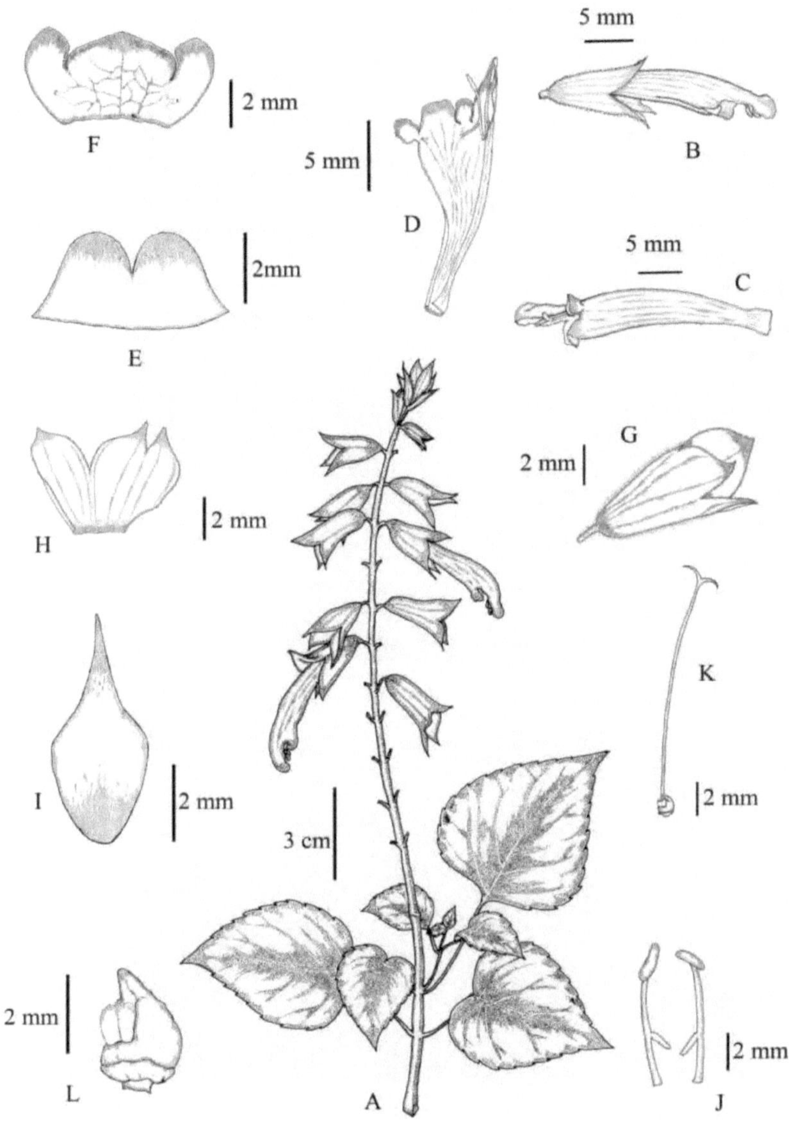

Fig. *Salvia splendens* Sellow ex schult. : **A.** Hábito; **B.** Flor única; **C.** Tubo da corola; **D.** Corola aberta; **E.** Lábio superior da corola; **F.** Lábio inferior da corola; **G.** Cálice florido; **H.** Cálice aberto; **I.** Bráctea; **J.** Estames; **K.** Gineceu; **L.** Ovário

Salvia splendens: \. Hábito; **B.** Flor única; **C.** Corola; **D.** Corola aberta; **E.** Lábio superior da corola; F. Lábio inferior da corola; **G.** Ápice da folha; **H.** Base da folha; **I.** Margem da folha; **J.** Cálice florido; **K.** Cálice aberto; **L.** Bráctea; **M.** Estames; **N.** Estigma; **O.** Ovário.

sobre o pedúnculo; pedicelo com 2-4 mm de comprimento na flor, 3-4 nos frutos; brácteas vermelhas, com 3-4 mm de comprimento, ovado-elípticas, ápice cuspidado, margem ciliada com pêlos curtos, caducas, envolvendo as flores em botão; flores vermelhas, com 46-47 mm x 12-14 mm de comprimento. *Cálice* campanulado, 15-16 x 13-14 mm de comprimento na flor, 17-18 x 15-16 mm no fruto, vermelho vivo, pêlos hirsutos, pluricelular com pêlos avermelhados; lábio posterior obovado, 1-lobado, ápice acuminado, margem ciliada, com pêlos hirsutos, triplamente nervado com 3 nervos claros, lábio anterior obovado, ápice agudo - cuspidado, margem ciliada, pêlos hirsutos, 3-5 nervuras. *Corola* vermelho-vivo, elíptico-ovalada, tubo da corola 40-41 x 12-14 mm de comprimento, pêlos hirsutos, pluricelular com pêlos vermelhos, exterior peludo, interior glabro; lábio posterior 2-lobado, 9-10 mm x 5-6 mm de comprimento, ápice arredondado; lábio anterior vermelho, 3-lobado, um grande no centro e dois de cada lado, arredondado no ápice, exterior peludo, interior glabro, 3-4 mm x 7-8 mm de comprimento. *Estames* 2, exsertos, filamentos de 8-9 mm de comprimento, conectivos de 11-12 mm de comprimento, anteras castanho-avermelhadas, ovado-elípticas, de 2-3 mm de comprimento com deiscência longitudinal. *Estilete* bífido, com 35-36 mm de comprimento, glabro, com cor branca na base e vermelha no ápice, estigma bifurcado, homostílico, igual com 2 lóbulos, cada lóbulo com 1-2 mm de comprimento, glabro. *Disco* com 4-5 mm de comprimento, cor creme, excedendo o ovário. *Frutos secos* acastanhados, elíptico-ovais, de 2-3 x 1-2 mm de comprimento, com 4 estrias no ápice.

Floração e frutificação: março - outubro.

Habitat e Ecologia: Cultivada como ornamental.

Distribuição: Brasil, China, América do Sul.

Espécime examinado: Brasil, Sellow 528 (K000479450); distrito de Malappuram, Thenhippalam, 03-06-2015, Rinshy 144503(CALI).

28. Salvia tebesana Bunge, Labiat. Persic. : 52 (1873); Hedge in Rech. f., Fl. Iran 150: 430, t 466 (1982).

Sinónimos heterotípicos:

Salvia lacei Mukerjee, Notes Roy. Bot. Gard. Edinburgh 19: 304 (1938).

Subarbustos anões, com caule estritamente muito ramificado, aparentando ter 20 cm de altura; ramos delgados, com caruma nas partes mais jovens. *Folhas* pequenas, pecioladas, ligeiramente rugosas e espessas, deltoide-ovadas, obtusas, crenadas, minuciosamente híspidas em ambos os lados e conspicuamente glandulares por baixo; lâmina com 3-5 mm de comprimento, 2-4 mm de largura; pecíolo das folhas inferiores tão longo como a lâmina, mais curto para cima. *Inflorescência* com flores em racemos terminais curtos, por vezes formando panículas; brácteas ovadas, ciliadas, com cerca de 1,5 mm de comprimento. *Cálice* tubular-campanulado, com 3,5 mm de comprimento na flor, 5-6 mm no fruto; viloso com pêlos muito longos e coberto de glândulas sésseis; lábio superior com 3 dentes, inferior com 2 dentes; dentes todos triangulares, rectos, muito mais curtos do que o tubo. *Corola* com 6-7 mm de comprimento, tubo exserso, não anulado no interior. *Frutos secos* de 1,75 mm, elíptico-obovados, pretos, lisos.

Floração e frutificação: agosto - novembro.

Habitat e Ecologia: Zonas abertas, zonas parcialmente soalheiras.

Distribuição: Irão, Sudeste do Afeganistão, Paquistão.

29. **Salvia virgata** Jacq., Hort. Bot. Vindob. 1: 14 (1770); Linn Syst. Veget. ed. 1,1,39 ; Peter-Stibal in Sond. aus Fedd. Repert. 39: 184 (1936);

Mukerjee, Rec. Bot. Surv. India 14: 111 (1940). **Fig. 13.**

Tipo: Rechinger K.H., 1876(K imagem digital!).

Sinónimos homotípicos:

Sclarea virgata (Jacq.) Sojàk, Cas. Nàr. Mus., Odd. Prir. 152: 22 (1983).

Sinónimos heterotípicos:

Salvia sibthorpii Sm. in J.Sibthorp & J.E.Smith, Fl. Graec. Prodr. 1: 15 (1806).

Sclarea sibthorpii (Sm.) Sojàk, Cas. Nar. Mus., Odd. Prir. 152: 22 (1983).

Salvia campestris M.Bieb., Fl. Taur.-Caucas. 1: 20 (1808).

Salvia praecox Loisel., Not. Fl. França: 6 (1810).

Salvia caduca Vahl ex Hornem., Hort. Bot. Hafn. 1: 30 (1813).

Salvia mollis J.Jacq., Ecl. Pl. Rar: 56 (1813).

Salvia gigantea Desf., Tabl. École Bot., ed. 2: 68 (1815).

Ervas altas e robustas, com 40-95 cm de altura; ramos hirsutos. *Folhas* com 3-10 cm de comprimento, ovadas ou oblongas, obtusas, arredondadas ou cordadas na base, duplamente crenadas, glabrescentes em ambos os lados, rugosas em cima; pecíolo das folhas inferiores com 3-4 cm de comprimento, folhas superiores pouco pecioladas ou sésseis. *Inflorescência* com 6 flores, distantes em racemos com cerca de 15-25 cm de comprimento; brácteas arredondadas, cuspidadas com 5 mm de comprimento; eixo da inflorescência hirsuto com pêlos rígidos brancos retrose, eglandular. *Cálice* pouco pedicelado, viscoso, com 7 mm de comprimento; pedicelos brancos, tomentosos. *Corola* azul, com 12-16 mm de comprimento; tubo exserso, inflado como a garganta, não anulado no interior. *Frutos secos* obovóides, castanhos escuros ou pretos.

Floração e frutificação: Durante todo o ano.

Habitat e Ecologia: Cultivada como ornamental.

Distribuição: Europa, Sudoeste e Ásia Central.

Espécime examinado: Tiburtinis, Tenore, M. s.n (K000929675); Romae, Mauri, E. s.n (K000929674).

NOVA INTRODUÇÃO À ÍNDIA A PARTIR DA AMÉRICA DO NORTE

30. Salvia misella Kunth (1818: 290). Tipo:- MÉXICO, *Humboldt & Bonpland s.n.* (holótipo P! [folha no. P00670423]; isótipo P! [folha no. P00136263]). Fig. 1, 2 =S. *riparia* Kunth (1818: 300). Tipo:- PERU, *Humboldt & Bonpland 3530* (holótipo P! [folha no. P00670440]).

=S. *obscura* Bentham (1833: 245). Tipo:- JAMAICA, *Distin* (holótipo K! [folha n.º K000479224]).

Erva anual ou bienal, erecta ou ascendente, com 30-90 cm de altura; caule agudamente quadrangular, sulcado, ligeiramente abaulado acima dos nós, frequentemente enraizado abaixo, com pequenas manchas castanhas escuras em todos os lados

sobre e mais denso perto dos nós, profusamente ramificado, minuciosamente pontilhado de glândulas, coberto de pêlos hispidulosos ou pilosos até 1 mm de comprimento. Folhas membranáceas, amplamente ovadas ou rômbico-ovadas, 2,5-6, 5×1-4 cm, agudas, margem serrilhada, base larga, abruptamente

contraído e decrescente ao longo do comprimento do pecíolo, verde baço, densamente híspido em ambos os lados com pêlos de 1 mm de comprimento, densos nas nervuras inferiores; pecíolo não bem demarcado. Inflorescência simples, terminal, racemos de 10-20 cm de comprimento, com 8-12 verticilos interrompidos de 2-3 flores, pedúnculo de 2-7 cm de comprimento, densamente coberto de pêlos glandulares. Brácteas persistentes, amplamente ovadas, ponta romba com um ponto, margem inteira, 33,5 × 2-2,5 mm, glabras por dentro, glandular-pilosa por fora; flores com pedicelo de 1-1,5 mm de comprimento, até 3 mm de comprimento nos frutos. Cálice campanulado, com 4,5-5 mm de comprimento na antese, 6-6,5 mm nos frutos, revestido por pêlos pegajosos densos, com 0,5 mm de comprimento, com glândulas dispersas na superfície, com 10-12 nervuras longitudinais, lábios ligeiramente fendidos; lábio posterior com 2.5 mm de largura, amplamente ovalado a truncado, cuspidado no meio com um bico rostrado, os lados diminuíram para esconder a garganta nos frutos; lábio anterior com 2 lóbulos, cada lóbulo com um único dente de 1 mm de comprimento, rostrado. Corola azul, branca na base, com 8-8,5 mm de comprimento; lábio posterior côncavo, 2,5-3 mm de comprimento, 0,75-1 mm de largura, pêlos curtos glandulares-capitados ao longo das margens ventrais; lábio anterior com 4,5-5,5 mm de comprimento, trilobado, lóbulo médio com 4-4,5 mm de largura na extremidade livre, emarginado, lóbulos laterais com 0,75-1 mm de largura; tubo com 3-3,5 mm de comprimento, 1,5-2 mm de largura. Estames com apenas 0,5-1 mm de comprimento, exercidos para além ou incluídos no tubo da corola, articulados num filamento com *cerca de* 1,5-1,8 mm de comprimento, conectivos produzidos, braço superior com 1,5-1,7 mm de comprimento, geniculado, com anteras de 11,2 mm de comprimento na extremidade, braço inferior com 1,9-2,1 mm de comprimento, com dente arredondado na extremidade inferior, conectivos adnatos na metade inferior e pubescentes com pêlos curtos e violetas. Estilete 5-5,2 mm de comprimento, glabro, incluso; estigma bilobado, ramo superior 0,50,6 mm, ovado, ponta acuminada, arqueado, ramo inferior 0,2-0,3 mm de comprimento, 0,4-0,5 mm de largura. Óvulos com *cerca de* 0,75 mm de comprimento, corno ginobásico com *cerca de* 1 mm de altura. Mericarpo oblongo, 1,51,6 mm de comprimento, ±1 mm de largura, liso, cinzento, com estrias escuras, mucilaginoso quando húmido.

Distribuição:-Esta espécie foi relatada anteriormente na América Central (Belize, Colômbia, Costa Rica, El Salvador, Equador, Guatemala, Honduras, Jamaica, México, Nicarágua, Panamá, Peru, Porto Rico, Estados Unidos, Venezuela, Índias Ocidentais) (Tropicos.org 2015); Austrália (Queensland e Território do Norte); Papua Nova Guiné (GBIF 2015) e África Central (Burundi, Congo, Ruanda) (Randall 2002). Atualmente, também é conhecida ao longo do sul dos Ghats Ocidentais da Índia (Fig. 3, 4).

Ecologia, habitat e fenologia:-*Salvia misella* é interpretada como uma espécie infestante em **Espécimes examinados**:-INDIA. Kerala: distrito de Idukki, Kattappana, 9°45.1072'N, 77°6.7238'E, 15 de novembro de 2014, *P. Sunojkumar CU 88177* (CALI!); Santhanpara, 9°47.203'N, 77°9.483'E,16de novembro de 2014, *P. Sunojkumar CU88179* (CALI!).

RESUMO

Os estudos taxonómicos sobre o género *Salvia* foram iniciados por Linnaeus (1753) através do seu '*Species plantarum*'. O trabalho de revisão de S.K. Mukerjee (1940) sobre Lamiaceae do Império Indiano tratou de 24 espécies de *Salvia*. *A Flora of British India* de Hooker (1885) descreve 12 espécies em 4 secções.

Os estudos taxonómicos sobre o género *Salvia* na Índia ainda não foram tentados até agora. Com base nos estudos actuais, existem cerca de 900 espécies deste género. Na Índia, há 31 espécies registadas em vários locais. O estudo da distribuição do género é obtido a partir de floras e e-floras. O presente trabalho baseia-se principalmente nessas floras e revisões, com exceção de *S. coccinea, S. splendens* e *S. leucantha.*

Das 31 espécies estudadas, 2 espécies são endémicas dos Himalaias. São elas, *S. asperata e S. hians*. *A Salvia amplicalyx* é uma nova espécie descrita por Peter-Stibal em 1939 com base num espécime de Hooker que a identificou como *Salvia campanulata*. Não existe informação sobre este táxon em nenhuma outra flora publicada na Índia depois de Mukherjee. Esta espécie é descrita em Sikkim e é provavelmente endémica. *A Salvia cabulica* nunca foi registada nas fronteiras políticas da Índia da Independência. A localidade-tipo é o Afeganistão e a distribuição inclui a província do Punjab, que atualmente faz parte do Paquistão.

A maioria das espécies cresce em áreas abertas e algumas são ornamentais, como *a Salvia coccinea* e *a Salvia splendens*, etc., e a maior parte delas restringe-se às regiões do norte da Índia. Entre os taxa estudados, *S. cabulica, S. dumetorum, S. leucantha, S. aegyptiaca, S. santolinifolia, S. tebesana* são arbustos e outros são ervas.

O nome original da *Salvia lanata* e da *Salvia lacei* foi alterado para *Salvia cana* e *Salvia tebesana*, como o nome correto mais tarde.

REFERÊNCIA

Adanson, M. 1763. *Familles des Plantes.* Vincent: Paris.

Alziar, G. 1989. *Sinonímia das sálvias do mundo.* Museum d 'histoire naturelle. 5: 3-4.

Bagherpour, S., Kahraman, A., Dogan, M., Celep, F., Baser, B. & Pehlivan, S. 2010. As caraterísticas anatómicas e micromorfológicas de *Salvia vermifolia* (Secção *Aethiopis* Bentham, Lamiaceae) da Anatólia Central, Turquia. *Cent. Eur. J. Biol.* 5(6): 872-879.

Bassolino, L., Giacomelli, E., Giovanelli, S., Pistelli, L., Cassetti, A., Damonte, G., Bisio, A., & Ruffoni, B. 2015. Cultura de tecidos e perfil aromático em *Salvia dolomitica* Codd. *Pl. Cell. Tiss. Org. Cult.* 121: 83-95.

Batsch, A.J.G.K. 1802. *Tabula Affinitatum Regni vegetabilis.* Landes-Industrie- Comptoir: Weimar.

Bentham, G. 1832-1836. *Labiatarum Genera et Species.* Londres pp.190-312.

Bentham, G. 1848. In de Candolle, A. P. *Prodromus Systematis naturalis Regni vegetabilis.* 12, 27-603. Victor Masson: Paris.

Bentham, G. & Hooker, J.D. 1876. *Genera plantarum.* 2(2): 1194-1197.

Bercu, R., Negrean, G., & Broasca, L. 2012. Estudo anatómico da folha dos taxa *Salvia nemerosa* Subsp. *tesquicola*, *Salvia nutans* e *Salvia × dobrogensis* de Dobrudja. *Ata Botanica Hungarica.* 54(4): 245-257.

Boissier, E.P. 1875. *Flora orientalis. Reg. Acad. Scient, Basel.* 4: 823-854.

Boscaiu, M., Riera, J., Estrelles, E. & Guemes, J. 1998. Números cromossómicos de várias Lamiaceae de Espanha. *Folia Geobotanica.* 33: 187199.

Briquet, J. 1895-97. In Engler, A. & Prantl, K. *Die natürlichen Pflanzenfamilien.* 4:3a, 132-380. W. Engelmann: Leipzig.

Cahill, J.P. 2003. Ethnobotany of Chia, *Salvia hispanica* L. (Lamiaceae). *Botânica Económica.* 57(4): 604-618.

Candolle, A.P. de. 1813. *Theorie elementaire de la botanique*, Paris.

Cronquist, A. 1968. The Evolution and Classification of Flowering Plants. Thomas Nelson & Sons: Londres.

Conqruist, A. 1981. Um sistema integrado de classificação das Angiospermas. *Plant Syst. Evol.* Suppl. 1: 179-189.

Davis, P.H. & V.H. Heywood. 1963. Principles of Angiosperm Taxonomy. *Oliver and Boyd,* Londres.

Davis, P.H., Mill, R.R. & Tan, K. 1988. *Flora of Turkey and the East Aegean Islands (First Supplement),* Vol. 10. Edinburg Univ. Press, Edinburg.

Donmez, A.A. 2001. Uma nova espécie turca de *Salvia* L. (Lamiaceae). *Bot. J. Linn. Soc.* 137: 413-416.

Endlicher, S. L. 1838. *Genera Plantarum secundum Ordines naturales disposita.* 607-639. P. Beck: Viena.

Epling, C. 1939. Uma revisão de *Salvia* Subgénero *Calosphace. Repert. Spec. Nov. Veg. Beih.* 110: 11-383.

Epling, C. 1940b. The distribution of American Labiatae. In: Proc. Sixth Pacific Sci. Congr., Pacific Sci. Assoc., Univ. California Press, Los Angeles, Vol 4, pp. 571-575.

Esra, M., Cetin, O., Kahraman, A., Celep, F. & Dogan, M. 2011. Um estudo citomorfológico em alguns laxa do género *Salvia* L. (Lamiaceae). *Caryologia.* 64(3): 272-287.

Estilai, A., Hashemi, A. & Truman, K. 1990. Chromosome number and Meiotic Behaviour of Cultivated Chia *Salvia hispanica* (Lamiaceae). *Hort. Sci.* 25(12): 1646-1647.

Fisher, V.L. 2005. Espécies indígenas de *Salvia* - uma investigação da atividade antimicrobiana, da atividade antioxidante e da composição química dos extractos de folhas. Dissertação de mestrado.

Foley, M.J.Y., Hedge, I.C. & Moller, M. 2008. A enigmática *Salvia tingtiana* (Lamiaceae): um estudo de caso em história, taxonomia e citologia. *Willdenowia.* 38: 41-59.

Frett, J.F. 1987. Influência de sais nutrientes, auxinas e citocininas no crescimento in vitro de *Salvia greggii. Pl. Cell. Tiss. Org. cult.* 9(1): 89-93.

Gamble, J.S. 1921. *Flora of the Presidency of Madras.* Londres P. 2(4): 11551156.

Ghannadi, A., Samsam-Shariat, S.H & Moattar, F. 1999. Constituintes voláteis da flor de *Salvia hydrangea* DC. ex Benth. *Daru* 7(3): 23-25.

Guner, A., Ozhatay, N., Ekim, T. & Baser, K.H.C. 2000. *Flora of Turkey and the East Aegean Islands (Second Supplement)*, Vol. 11. Edinburg Univ. Press, Edinburg.

Gupta, A. & Sharma, C. 1990. Polimorfismo no pólen de *Salvia leucantha* (Lamiaceae). *Grana* 29: 277-284.

Hamzaoglu, E., Duran, A. & Pinar, N.M. 2005. *Salvia anatolica* (Lamiaceae), uma nova espécie da Anatólia Oriental, Turquia. *Ann. Bot. Fennici* 42: 215220.

Haque, Md. S. 1981. Números de cromossomas no género *Salvia* L. *Proc. Ind. Acad. Sci.* 47(3): 419-426.

Harley, R.M. & Heywood, C.A. 1992. Chromosome numbers in tropical American Labiatae. In: R.M. Harley and T. Reynolds (Eds), Advances in Labiatae Science, pp. 221-246. *Royal Bot. Garden, Kew.*

Harley, B.U. & Reynolds, T. 1992. Advances in Labiatae Science, Royal Botanic Gardens, Kew, *pp.* 1-6.

Harley, R.M., Atkins, S., Budantsev, A., Cantino, P.H., Conn, B., Grayer, R., Harley, M.M., Kok, R., Krestovskaja, T., Morales, A., Paton, A.J., Ryding, O. & Upson, T. 2004. Labiatae. In: Kadereit, J.W. (ed.). As famílias e géneros de plantas vasculares (Kubitzki, K. : ed.). 7: 167275.

Harley, R.M., Franca, F., Santos, E.P. & Santos, J.S. 2010. Lamiaceae. In: *Catálogo de plantas e fungos do Brasil. Jardim Botânico do Rio de Janeiro*, Rio de Janeiro. 2: 1130-1146.

Hedge, I.C. 1960. Notas sobre algumas espécies cultivadas de *Salvia* -54 *J. Royal Hortic. Soc.* 85: 451-4.

Hedge, I.C. 1974. A revision of *Salvia* in Africa including Madagascar and the Canary Islands. *Notes from the Royal Botanical Garden, Edinburgh* 33: 1-121.

Hedge, I.C. 1982a. In: Davis PH (ed), Flora of Turkey and east Aegean Islands: *Salvia* L., *University of Edinburgh Press, Edinburgh*. 7: 7400-461.

Hedge, I.C. 1992. A global survey of the biogeography of the Lamiaceae - In Harley, R.M. & Reynolds, T. (eds.). 7-18. *Advances in Labiatae scienceRoyal* Bot. Gardens, Kew.

Hooker, J.D. 1885. *The flora of British India*. L. Reeves & Co., Ltd. London. 4: 653-656.

Huber-Morath, A. 1982. *Salvia nydeggeri* Hub.-Mor. nova espécie Secção Eusphace Benth.

Bauhinia. 7(3): 181.

Hutchinson, J. 1973. Ibid. 3 ed. 489. (Clarendon Press: Oxford).

Jaume St.-Hilaire, J. H. 1805. *Exposition des Familles naturelles*. 1245-271. Treuttel & Wurtz: Paris.

Jenks, A.A. & Kim, S.C. 2013. Complexos de plantas medicinais de *Salvia* subgénero *Calosphace*: um estudo etnobotânico de sábios do novo mundo. *J Ethnopharmacol.* 146(1): 214-24.

Jin, Min-Rong, XuHong, Duan, Chao-Hui, & Chou, Gui-Xin. 2015. Dois novos Flavones de *Salvia plebeia*. *Nat. Prod. Res.* 29(14): 1315-1322.

Jussieu, B. de. 1759. Ordines *naturales in Ludovici XV horto Trianonense dispositi anno* 1759. Manuscrito. Publicado em A. L. de Jussieu (1789), lxiiilxx.

Jussieu, A. L. de. 1789. *Genera plantarum*. (Herissant & Barrois: Paris).

Kahraman, A., Celep, F. & Dogan, M. 2010. Morfologia, anatomia, palinologia e micromorfologia de nutlet de *Salvia macrochlamys* (Labiatae) na Turquia. *Biologia* 65/2: 219-227.

Kahraman, A., Celep, F., Dogan, M., Guerin, G.R., & Bagherpour, S. 2011. Morfologia do mericarpo e suas implicações sistemáticas para o género *Salvia* L. secção *Hymenosphace* Benth. (Lamiaceae) na Turquia. *Plant. Syst. Evol.* 292: 33-39.

Kamatou, G.P.P., Viljoen, A.M., Figueiredo, A.C., Tilney, P.M., Van Zyl, R.L., Barroso, J.G., Pedro, L.G. & Van Vuuren, S.F. 2007a. Tricomas, composição do óleo essencial e actividades biológicas de *Salvia albicaulis* Benth. e *S. dolomitica* Codd, duas espécies da região do Cabo da África do Sul. *S. Afr. JBot.* 73:102-108.

Kamatou, G.P.P., van Vuuren, S.F., van Heerden, F.R., Seaman, T. & Viljoen, A.M. 2007b. Antibacterial ad antimycobacterial acitivities of South African *Salvia* species and isolated compounds from *S. chamelaegnea*. *S Afr. J. Bot.* 73:552-557.

Kamatou, G.P.P., van Zyl, R.L., Davids, H., van Heerden, F.R., Lourens, A.C.U. & Viljoen, A.M. 2008. Actividades antimaláricas e anticancerígenas de espécies selecionadas de *Salvia* da África do Sul e compostos isolados de *S. radula*. *S. Afr. J. Bot.* 74: 238-243.

Kamatou, G.P.P., Viljoen, A.M. & Steenkamp, P. 2010. Actividades antioxidantes, anti-inflamatórias e análise HPLC de espécies de *sálvia* da África do Sul. *Food. Chem.* 119:684-688.

Khaniki, G.B. & Moghassemi, E. 2011. Estudo morfológico e anatómico de *Salvia macrosiphon* Boiss. *Journal of Herbal Drugs*. 1(4): 15-24.

Krstic, L., Malencic, D. & Anackov, G. 2006. Investigações estruturais de tricomas e composições de óleo essencial de *Salvia verticillata*. *Botanica Helvetica*. 116: 159-168.

Lawrence, G.H.M. 1955. Taxonomy of Vascular Plants. (The Macmillan Co.: Nova Iorque).

Levan, A., K. Fredga & Sandberg, A.A. 1964. Nomenclatura para a posição do centrómero nos cromossomas. *Hereditas*, 52: 201-220.

Lindley, J. 1830. An Introduction to the Natural System of Botany. *Longman, Rees, Orme, Brown and Green,* Londres.

Lindley, J. (1836). Um sistema natural de botânica. 2 ed., Longman, Rees, etc.: Londres. *Longman, Rees*, etc.: Londres.

Linnaeus, C. 1751. *Philosophia botanica*. Kiesewetter: Estocolmo.

Linnaeus, C. 1753. *Species Plantarum.* Vol.1. Salvius, Estocolmo.

Liogier, A.H. 1994. *Sálvia* (Labiatae). In: La *flora de La Espanola*. VI. Universidad Central del Este.[Republica Dominica]Vol. LXX, Ser. 27: 293-314.

Lu, Y & Foo, L.Y. 2002. Polyphenolics of *Salvia - uma* revisão. *Phytochemistry*. 59: 117-140.

Makunga, N.P. & Staden, J.V. 2008. Um sistema eficiente para a produção de plântulas clonais da planta aromática medicinalmente importante: *Salvia africana-luteaL*. *Pl. cell. tiss. Org. cult.* 92: 63-72.

Martins, N., Barros, L., Santos-Buelga, C., Mariana, H., Sonia, S. & Ferreira, I.C.F.R. 2015. Avaliação das propriedades bioactivas e compostos fenólicos em diferentes extractos preparados a partir de *Salvia officinalis* L. *Food. Chem.* 170: 378-385.

Masoud, S., Alijanpoo, B. & Khayyami, M. 2010. Contribuição para a citologia do género *Salvia* L. *Caryologia*. 63: 405-410.

Meisner, C. F. 1840. *Géneros de Plantarum vascularum*. I, 281-282, 290-292. Libraria Wiedmannia: Leipzig.

Melchior, H. 1964. In Engler, *A. Syllabus der Pflanzenfamilien.* 12 ed. 2,424471. Borntraeger: Berlim.

Miyasaka, H., M. Nasu & K. Yoneda. 1989. *Salvia miltiorrhiza*: produção in vitro de criptotanshinone e ferruginol. In: Biotechnology in Agriculture and Forestry, Vol 7, *Medicinal and Aromatic Plants II (Bajaj YPS, ed),* pp 417-430, *Springer-Verlag, Berlin, Heidelberg.*

Morton, J.K. 1962. Cytotaxonomic studies on the West African Labiatae. *J. Linn. Soc. Bot.* (London). 58 : 231 - 283.

Morton, J.F. 1981. Atlas de Plantas Medicinais da América Central. *Bahamas a Yucatan Springfield.* 2: 782.

Mousavi, S.M., Jafari, A. & Najafi, S. 2013. Estudo micromorfológico de noz-moscada em *Salvia* L. (Lamiaceae) do NE do Irão. Amer. J. Pl. Sc. 4: 1457-1460.

Mukerjee, S.K. 1940. A revision of Labiatae of Indian Empire . *Rec. Bot. Surv. Ind.* 14(1):105-116.

Murata, G. & T. Yamazaki. 1993. *Salvia* L. In: Iwatsuki, K., T. Yamazaki, D. E. Boufford & H. Ohba. (eds.), *Flora of Japan* IIIa, pp. 302-307. Kodansha, Tóquio.

Nadir, M., Rasheed, M., Ahmed, A., Ahmed, V.U. & Tareen, R.B. 2014. Primeiro estudo GC-MS de óleo essencial de *Salvia bucharica. Chem. Nat. Prod.* 50(1): 144-145.

Narayanan, N. & Thangavelu, L. 2015. *Salvia officinalis* em Odontologia. *Ciências Biológicas na UWE Bristol.* 6(1): 27-30.

Nasir, E. & S.I. Ali. 1990. *Flora of Pakistan.* Fakhri printing press, Karachi, 175: 197.

Ozler, H., Pehlivan, S., Celep, F., Dogan, M., Kahraman, A., Ahter, Y.F., Baser, B. & Bagherpour, S. 2010. Morfologia polínica das secções Hymenosphace e Aethiopis do género *Salvia* (Lamiaceae) na Turquia. *Open life sciences.* 5(6): 872-879.

Ramamoorthy, T.P. 1984b. Tipificações em *Salvia* (Lamiaceae). *Taxon* 33: 322-324.

Ray, J. 1682. *Methodus Plantarum nova.* Londres.

Ruling, J.P. 1774. *Ordines naturales Plantarum.* Vandenhoek: Gottingen.

Saeidnia, S., Ghamarinia, M., Gohari, A.R. & Shakeri, A. 2012. Terpenos da raiz de *Salvia hypoleuca* Benth. *Daru.* 20(1): 66.

Salimpour, F., Ebrahimiyan, M., & Sharifnia, F. 2014. Micromorfologia do mericarpo em espécies selecionadas de *Salvia* (Lamiaceae) no Irã. *Nova. J. Med. Bio. Sci.* 2(1): 1-8.

Sampathkumar, V. 2014. Um relato ilustrativo dos Labiates nos Himalaias da região indiana. *Photodiversity* 1(1&2): 77-90

Santos, E.P. 1996. Revision de la section *Rudes* (Benth.) Epling du genre *Salvia* L., sousgenre *Calosphace* (Benth.) (Labiatae). *Candollea* 51: 19-57.

Scopoli, G.A. 1777. *Introductio ad Historiam naturalem.* Gerle: Praga.

Serna, A.E. & Ramamoorthy, T.P. 1993. Revisão taxonómica de *Salvia* secção *Sigmoideae* (Lamiaceae). *Ata Bot. Mex.* 23: 65-102.

Sharma, S., Shahzad, A., Kumar, J. & Anis, M. 2014. Propagação in vitro e produção de sementes sintetizadas de *sálvia* escarlate (*Salvia splendens*). *Rendiconti Lincei.* 25: 359-368.

Simpson, B.B. & Conner - Ogorzaly, M. 1986. Botânica Económica: Plantas em

O nosso mundo. McGraw - Hill Book Company, Nova Iorque.

Singh, G. 2012. *Plant Systematics theory and practice.* Oxford & IBH Publishing Co. Pvt. Ltd. No.3: 1-9.

Skala, E. & Wysokinska, H. 2004. Regeneração in vitro de *Salvia nemerosa* L. a partir de pontas de rebentos e explantes foliares. *Plant In vitro cell Development biology.* 40: 596-602.

Standley, P.C. & L.O. Williams. 1973. Labiatae. In: *Flora da Guatemala. Fieldiana, Bot.* 24: 237-317.

Tawfik, A.A. & Mohamed, M.F. 2007. Regeneração de *sálvia* (*Salvia officinalis* L.) através da indução de calo meristemático. *Biologia do desenvolvimento celular in vitro de plantas.* 43: 21-27.

Thakthajan, A.L. 1986. *Floristic regions of the world.* Berkeley.

Thorn, R.F. 1981. Phytochemical and angiosperm phylogeny: A summary statement, em Young, D.A. & D.S. Seigler (eds). *Phytochemistry and angiosperm phylogeny.* Praeger, Newyork, pp. 225-235.

Thunberg, C.P. 1784. *Salvia japonica.* In: Murray J.A. (Ed.) *Systema Vegetabilium,* ed. 14. Dietrich, Gottingen, 72 pp.

Torke, B.M. 2000. Uma revisão de *Salvia* sect. *Ekmania* (Lamiaceae). *Brittonia* 52(3): 265-302.

Tournefort, J.P. de. 1694. *Elemens de Botanique.* Imprimerie Royale: Paris.

Vural, M. & Adiguzel, N. 1996. Uma nova espécie da Anatólia Central: *Salvia aytachii* M. Vural et. N. Adiguzel (Labiatae). *Turk. J. Bot.* 20: 531-534.

Walker J.B., Sytsma K.J., Treutlein J. & Wink M. 2004. *Salvia* (Lamiaceae) não é monofilética: implicações para a sistemática, radiação e especializações ecológicas de *Salvia* e da tribo Mentheae. *Am. J. Bot.* 91(7): 1115-1125.

Walker, J.B. & Systma, K.J. 2007. Evolução Estaminal no Género *Salvia* (Lamiaceae): Evidência filogenética molecular para múltiplas origens da alavanca estaminal. *Ann. Bot.* 100(2): 375-91.

Walpers, W. G. 1844-45. *Repertorium Botanices systematicae.* 3,483-932. Hoffmeister: Leipzig.

Xiao, Qiu-Li, Xia, F., Yang, Xing-Wei, Liao, Y., Yang, Li-Xin, Wei, Yu-Kun, Li, X. & Xu, G. 2015. Novos Diméricos e seco - Abietane Diterpenóides de *Salvia wardii. Nat. Prod. Bioprospect.* 5: 77-82.

Yuan, Y.W., Mabberley, D.J., Stean, D.A. & Olmstead, R.G. 2010. Furthur disintegration and redefinition of *Clerodendrum* (Lamiaceae): implications for the understanding of the evolution of an intriguing breeding strategy. *Taxon* 59: 125-133.

MIX
Papier aus verantwortungsvollen Quellen
Paper from responsible sources
FSC® C105338

Printed by Books on Demand GmbH, Norderstedt / Germany